贵州野生杜鹃群落生态学

李朝婵 陈雪鹃 徐小蓉 全文选 著
乙 引 主审

科学出版社
北 京

内 容 简 介

本书是在对贵州百里杜鹃森林群落和土壤资源调查基础上完成的专著,旨在为该区域森林种群、群落、生态系统生态学研究与管理提供技术支撑和理论依据。全书共分为6章,分别介绍贵州百里杜鹃资源状况及研究方法,贵州百里杜鹃森林动态变化遥感诊断,贵州百里杜鹃森林土壤化学生态学,贵州百里杜鹃森林林窗生态学,贵州百里杜鹃不同林窗的土壤理化性质及贵州百里杜鹃林窗更新研究。

本书可供从事森林资源调查与管理的工作人员、高等院校的学生、教师及科研单位的工作人员,从事林学、生态学方面研究的相关人士,以及植物爱好者参考使用。

图书在版编目(CIP)数据

贵州野生杜鹃群落生态学/李朝婵等著. —北京:科学出版社,2020.11
ISBN 978-7-03-066645-1

Ⅰ. ①贵… Ⅱ. ①李… Ⅲ. ①杜鹃花属—地植物学—贵州 Ⅳ. ①Q949.772.381

中国版本图书馆CIP数据核字(2020)第214145号

责任编辑:罗 静 岳漫宇 付丽娜 / 责任校对:严 娜
责任印制:吴兆东 / 封面设计:刘新新

科 学 出 版 社 出版
北京东黄城根北街16号
邮政编码:100717
http://www.sciencep.com

北京建宏印刷有限公司 印刷
科学出版社发行 各地新华书店经销

*

2020年11月第 一 版 开本:720×1000 1/16
2020年11月第一次印刷 印张:8 1/4
字数:166 000
定价:138.00元
(如有印装质量问题,我社负责调换)

序

杜鹃属于杜鹃花亚科杜鹃属植物，约900余种，分布于北温带，亚洲最多。我国约650种，除新疆、宁夏外，各地均有分布，主要集中分布于西南高山地区和岭南山脉地区。云南、西藏、四川、广西、贵州和湖南为杜鹃属植物分布比较集中的省份，占我国种类的83%。杜鹃的垂直分布跨度较大，海拔50～4500m均有分布。此外，杜鹃栽培品种繁多，我国南起福建，北至辽宁，均有栽培。杜鹃是世界最著名的园林观赏植物之一，花繁叶茂，绮丽多姿，被誉为"花中西施"，也是中国十大名花之一，被列入世界三大园艺植物。杜鹃大多生长于高寒地区，气候冷凉湿润，土壤富含腐殖质，呈酸性。我国蕴藏着丰富的常绿杜鹃种类，但进入园林栽培供观赏用的大多为落叶杜鹃种类，如映山红、羊踯躅、白杜鹃等。

杜鹃具有多种重要价值，它不仅有极高的观赏价值，也有很高的生态价值。分布于高山地区的杜鹃常与各种乔木组成森林群落，发挥着保护生态环境的功能。一些低矮的杜鹃枝条密集且根系发达，常丛生成稠密的灌丛，有效防止高山地区土壤流失并固定风化的石砾，具有很强的环境保护作用。杜鹃还具有工业价值和实用价值，如一些乔木种类的木材就具有工业价值。

杜鹃是我国栽培历史悠久的园林植物之一，早在我国南北朝时期梁代陶弘景所编著的《本草经集注》中就有对杜鹃的记载。唐代著名诗人李白、杜牧等均有吟咏杜鹃的诗篇。1949年以后，我国一些科学家，如冯国楣、方文培、李光照等，在杜鹃的分类、种质资源收集与保存、引种驯化等方面开展了一系列工作，并出版了杜鹃植物图鉴、图谱与植物志等。科学家们对杜鹃在园林绿化上的应用也做了大量研究工作，其成果已应用于园林建设。在林业方面，中国林业科学研究院吴中伦研究员领衔的专家团队，在西南高山林区调研采伐更新时，曾对林型进行了划分，并对以杜鹃林型为主的森林群落进行了生态学与林学特性的研究。

关于杜鹃过去的研究主要体现在上述方面。至于野生杜鹃林，虽然在景观生态园林和自然保护等方面有很高的研究价值，但却未能列项研究，所以对于野生杜鹃方面的资料尤为缺乏，从现在国家对生态保护和环境建设的要求来看，这是极需加强的调研领域。因此，《贵州野生杜鹃群落生态学》一书的作者团队，针对野生杜鹃林存在的稳定性、健康和更新等问题，采用先进技术手段开展贵州野生杜鹃群落生态学研究，这是对我国杜鹃研究的开拓、创新与深化，这项研究必将对贵州野生杜鹃林的自然保护和可持续经营起到积极推进作用。野生杜鹃林的景观、旅游、文化作用也一定可以得到进一步发挥，对于国家森林公园、国家级旅游区和国家生态旅游示范区建设也将起到很好的示范作用。

《贵州野生杜鹃群落生态学》一书，内容新颖丰富，是科学性、实用性都很强的一本好书，很值得广大林业工作者、园林工作者一读。我期待着早日付梓，以飨读者。

中国林业研究科学院首席科学家、原国务院参事

2020年10月

前　言

　　森林被誉为"地球之肺"，其完善的生态功能、复杂的结构及庞大的生物产量，对地球各生态系统的稳定起着至关重要的作用。然而随着人类对森林资源需求的日益增加，全球大部分森林都出现了不同程度的退化。因此，如何能对森林的动态变化进行科学的监测评价、保护和经营管理，一直是世界各国学者关注的热点问题。

　　百里杜鹃位于贵州省西北部毕节地区，是以保护原生天然杜鹃特色森林生态系统及珍稀濒危物种为主的森林和野生动物保护区，有迄今为止发现的世界上面积最大、野生杜鹃群落最为集中、树种年龄较大的天然杜鹃林。该保护区是典型的喀斯特地貌，其独特的杜鹃森林资源，在全国乃至世界范围内都首屈一指。贵州省人民政府于2007年批准成立百里杜鹃省级自然保护区，同年成立贵州百里杜鹃风景名胜区管理委员会（简称百里杜鹃管委会），对百里杜鹃省级自然保护区进行统一管理。该保护区在资源保护、科学考察、宣传教育等方面做了大量工作，通过实施大量的林业生态建设工程，对森林资源和生态系统起到了切实的保护作用。然而，区内林种、树种相对单一，森林生态系统稳定性较差，且近年来快速扩张的旅游资源开发，大量的人为活动干扰，使得该区森林健康状况受到较大影响。

　　本研究以贵州省百里杜鹃省级自然保护区为例，基于遥感技术实现对区域森林动态变化的客观测度，并通过对其森林健康现状的科学评价，为当地的森林可持续性经营管理提供理论依据，同时也为环境健康遥感诊断理论体系中的森林生态系统健康遥感诊断指标体系参数的确定奠定了基础。野生杜鹃林冠之下幼苗严重缺失，杜鹃的天然更新存在严重的障碍，物种多样性水平降低，且冠层下杜鹃生长状况不佳，已危及整个杜鹃群落，一旦发生冠层杜鹃大面积死亡，将带来巨大损失。因此，深入地研究林窗干扰造成的杜鹃林环境因子的差异，给天然杜鹃林天然更新带来了生机，通过人工播种来辅助杜鹃的天然更新是一个有实践意义的课题。

　　全书共分为6章，第1章为贵州百里杜鹃资源状况与研究方法；第2章为贵州百里杜鹃森林动态变化遥感诊断；第3章为贵州百里杜鹃森林土壤化学生态学；第4章为贵州百里杜鹃森林林窗生态学；第5章为贵州百里杜鹃不同林窗的土壤理化性质；第6章为贵州百里杜鹃林窗更新研究。

参与本研究和本书写作的主要有贵州师范大学的李朝婵、徐小蓉、全文选等3位博士，以及中国科学院遥感与数字地球研究所的陈雪鹃博士后，全书由贵州师范大学乙引教授主审，中国林学会王艳娜博士对本书进行了核对和整理；项目组研究生唐凤华、钱沉鱼、许塔艳、杨荞安、潘延楠等参加野外调查、采样和数据收集工作，同时得到贵州科学院黄丽华、陈翔研究员及百里杜鹃省级自然保护区的帮助和支持。本书参考了大量国内外同行的文献资料，在此表示感谢。

本书是在国家自然科学基金（31960312、31460136、U1812401）、中央引导地方科技发展专项资金项目（黔科中引地〔2017〕4006）的共同资助下完成的，一并感谢。

作者水平有限，书中若有不足，敬请读者不吝赐正。

著　者

2020年10月

目 录

第1章 贵州百里杜鹃资源状况及研究方法 ··· 1
1.1 贵州杜鹃研究 ··· 1
1.2 贵州百里杜鹃位置 ··· 2
1.3 百里杜鹃自然资源与社会经济状况 ··· 3
  1.3.1 自然资源状况 ··· 3
  1.3.2 社会经济状况 ··· 3
1.4 数据收集与研究方法 ··· 4
  1.4.1 资源评价与遥感数据收集 ··· 4
  1.4.2 森林土壤和林窗调查与数据收集 ·· 6
1.5 本章小结 ··· 9

第2章 贵州百里杜鹃森林动态变化遥感诊断 ·· 11
2.1 基于土地利用类型的森林动态变化遥感诊断 ······································· 11
  2.1.1 百里杜鹃土地利用类型的分类提取 ··· 12
  2.1.2 基于土地利用类型的百里杜鹃遥感诊断及预测 ··························· 18
2.2 基于植被指数的森林动态变化遥感诊断 ··· 24
  2.2.1 百里杜鹃森林植被指数计算 ·· 24
  2.2.2 基于植被指数的百里杜鹃遥感诊断 ··· 25
2.3 基于景观格局的森林动态变化遥感诊断 ··· 27
  2.3.1 基于景观水平的森林景观格局变化遥感诊断 ······························ 28
  2.3.2 基于景观类型的百里杜鹃遥感诊断 ··· 29
2.4 百里杜鹃森林动态变化驱动力分析 ··· 32
  2.4.1 自然因素影响分析 ·· 32
  2.4.2 社会因素影响分析 ·· 34
  2.4.3 森林动态变化遥感诊断结果综合评价 ·· 35
2.5 本章小结 ··· 36

第3章 贵州百里杜鹃森林土壤化学生态学 ··················· 37

3.1 森林天然更新障碍的化学生态学 ··················· 38
3.1.1 化感作用与森林天然更新 ··················· 38
3.1.2 化感物质的释放途径与土壤微生物的相互作用 ··················· 38
3.1.3 化感物质的来源及作用 ··················· 39

3.2 杜鹃群落林下土壤理化性质 ··················· 40
3.2.1 杜鹃群落林下土壤理化指标 ··················· 40
3.2.2 杜鹃群落林下不同土壤层次糖类物质的鉴定 ··················· 41
3.2.3 不同土壤层次糖类物质的组成比例 ··················· 42
3.2.4 不同土壤层次糖类物质的聚类分析 ··················· 42

3.3 露珠杜鹃土壤化感效应评价 ··················· 43
3.3.1 不同土壤层次浸提液对露珠杜鹃种子萌发的化感效应 ··················· 43
3.3.2 不同土壤层次浸提液的化感物质鉴定与分析 ··················· 44
3.3.3 不同土壤层次浸提液的化感物质类别 ··················· 46

3.4 迷人杜鹃土壤化感效应评价 ··················· 47
3.4.1 不同土壤层次浸提液对迷人杜鹃种子萌发的化感效应 ··················· 47
3.4.2 不同土壤层次化感物质的分离与鉴定 ··················· 48
3.4.3 不同土壤层次化感物质的类别分析 ··················· 50

3.5 马缨杜鹃土壤化感效应评价 ··················· 50
3.5.1 马缨杜鹃林的特征 ··················· 50
3.5.2 不同土壤层次浸提液对植物种子萌发的影响 ··················· 51
3.5.3 不同土壤层次化感物质的分离与鉴定 ··················· 52

3.6 本章小结 ··················· 53

第4章 贵州百里杜鹃森林林窗生态学 ··················· 55

4.1 森林林窗国内外研究现状 ··················· 55
4.1.1 森林林窗群落更新的国内外研究现状 ··················· 55
4.1.2 林窗的形成、发育及群落特征 ··················· 56

		4.1.3 林窗群落更新研究方法 ································· 57
		4.1.4 林窗与群落更新 ······································· 57
	4.2	百里杜鹃森林林窗特征 ··· 62
		4.2.1 林窗成因分析 ··· 63
		4.2.2 林窗大小特征 ··· 64
		4.2.3 林窗微环境特征 ······································· 65
		4.2.4 物种多样性 ··· 67
	4.3	讨论与展望 ··· 69
		4.3.1 林窗大小特征及环境因子 ······························· 69
		4.3.2 林窗对物种多样性的影响 ······························· 70
		4.3.3 环境因子对林窗物种多样性的影响 ······················· 71
	4.4	本章小结 ··· 71

第5章 贵州百里杜鹃不同林窗的土壤理化性质 ···························· 73

5.1	不同坡位小林窗的土壤化学特征 ····································· 74
5.2	不同坡度小林窗的土壤化学特征 ····································· 75
	5.2.1 不同坡度小林窗和林下土壤化学物质分布 ················· 75
	5.2.2 小林窗与林下土壤性质之间的相关性 ····················· 76
	5.2.3 土壤养分对土壤性质变量的影响 ························· 78
	5.2.4 小林窗和林下样地植物种类与环境因子的关系 ············ 79
5.3	林窗土壤重金属风险评价标准 ······································· 80
5.4	不同海拔梯度林窗土壤重金属特征 ··································· 81
5.5	不同坡位和坡度林窗土壤重金属特征 ································· 82
5.6	森林土壤重金属含量的相关性 ······································· 84
5.7	地形和土壤因子对重金属的影响 ····································· 84
5.8	森林林窗土壤潜在生态风险评价 ····································· 86
5.9	讨论与展望 ··· 87
	5.9.1 不同地形林窗干扰对土壤性质的影响 ····················· 87

5.9.2　小林窗对天然杜鹃林土壤性质的影响 ················· 88
　　5.9.3　植物种类与环境变量之间的关系 ··················· 89
　　5.9.4　林窗土壤重金属与杜鹃林环境之间的关系 ············· 90
　5.10　本章小结 ······································ 91
第6章　贵州百里杜鹃林窗更新研究 ························· 93
　6.1　林窗大小对二月兰实生幼苗分布特征的影响 ············· 94
　6.2　林窗大小对二月兰实生幼苗生长环境因子的影响 ·········· 94
　6.3　坡度对林窗二月兰实生幼苗生长环境因子的影响 ·········· 95
　6.4　坡向对林窗二月兰实生幼苗生长环境因子的影响 ·········· 97
　6.5　坡位对林窗二月兰实生幼苗生长环境因子的影响 ·········· 99
　6.6　讨论与展望 ···································· 100
　　6.6.1　林窗大小对种子萌发幼苗生长环境的影响 ············ 101
　　6.6.2　坡度对林窗种子萌发幼苗生长环境的影响 ············ 101
　　6.6.3　坡向对林窗种子萌发幼苗生长环境的影响 ············ 102
　　6.6.4　坡位对林窗种子萌发幼苗生长环境的影响 ············ 102
　6.7　本章小结 ····································· 103
参考文献 ·· 104

第1章　贵州百里杜鹃资源状况及研究方法

1.1　贵州杜鹃研究

贵州省地处世界现代杜鹃分布中心边缘及向东部扩散的过渡地带，境内杜鹃属植物资源丰富而又独特。贵州西北部的黔西、大方两地之间有我国著名的百里杜鹃省级自然保护区（简称百里杜鹃），是世界上杜鹃属植物最大的天然集中连片分布区之一（何明友等，1994；杨成华等，2006）。杜鹃属（*Rhododendron*）是杜鹃花科（Ericaceae）最大的属，全世界约1000种，广泛分布于亚洲、欧洲和北美洲，主产于东亚和东南亚。中国有571种，包括409个特有种（Fang et al.，2005）。作为喜马拉雅植物区系的大属之一，杜鹃属在中国植物地理和植物区系上有着重要地位（方瑞征和闵天禄，1995）。现代杜鹃的分布中心和多度中心均位于我国西南山区及相邻的东喜马拉雅地区，因此该地区被誉为"世界上最大的天然花园"。

国内杜鹃群落状况的调查研究较多，多数研究认为我国野生杜鹃群落不同程度地存在群落衰退的趋势，但是对杜鹃群落衰退的自身因素并未进行深入的研究。目前，野生杜鹃群落的有性天然更新过程很难完成，林下幼苗稀少，幼苗的建立过程通常是植物生活史中最脆弱的阶段（Nakashizuka，2001）。杜鹃中的许多种类是高山、亚高山灌丛生态系统的关键种，也是亚高山针叶林、针阔混交林的优势种或建群种（叶居新，1994；李久林和廖凤林，1997）。近年来，由于人类的活动或干扰，现代杜鹃的分布区大大缩小，尤其是许多分布区本来就很狭窄或生存能力较弱的种类已面临严重的生存威胁（张长芹等，1998），有的杜鹃种类正在消失。例如，贵州百里杜鹃的马缨杜鹃表现为衰退型种群，自然更新能力不足，特别是有性繁殖更新层的缺失使之成为一种不连续种群（黄红霞，2006；李苇洁，2006）；湖南、云南和广东的云锦杜鹃群落虽然年年结实，但天然更新情况较差，种群不能有效更新（陈艳华，2006；黄川腾等，2010；李朝阳等，2010）；陕西的杜鹃群落中林下无幼苗出现，杜鹃群落天然更新能力较差（司国臣，2013）。国外针对杜鹃种群的研究主要倾向于化学生态学，研究认为杜鹃植物含有的酚类化合物协同光照等条件，抑制了种子萌发、幼苗与根的生长（Day et al.，1988；Nilsen et al.，1999）。

对贵州杜鹃群落天然更新障碍的研究，主要存在以下两方面的问题：一是多数重点区域缺乏调查，新的群落类型有待发现。贵州的杜鹃属植物分布广泛而又别具特色，但长期以来，国内外植物学研究者往往将重点放在传统的杜鹃属分布中心，即我国的云南、四川和西藏三省区，而忽略了贵州这一块重要的区域。目前，除近年来在百里杜鹃省级自然保护区内进行过较深入的研究外，在省内其他一些杜鹃属植物分布集中的重点区域如雷公山、威宁、六盘水、梵净山自然保护区等地，前期仅有一些科学考察集中对其资源状况进行过初步报道，而均未进行过专项调查和群落天然更新的研究。由于受自然更新困难、病虫害等因素的威胁，部分稀有杜鹃种有灭绝的可能。二是杜鹃群落的更新研究领域限于经典的指数评价和演替预测，群落本身次生代谢物质的化感作用有待深入研究。化感作用是影响森林天然更新的重要因子，以前人们对于更新失败往往从幼树所处的光照、水分和养分条件考虑较多，而对生化因子的作用估计不足（翟明普和贾黎明，1993）。化感作用是形成植物群落、决定植物群落中植物种类组成、引起植物群落演替的重要内在因素，是外来植物成功入侵的重要机制（Rice, 1979; Hierro and Callaway, 2003）。植物化感作用及其在生态学方面的影响，已成为当今世界的研究热点。

本研究采用遥感技术对杜鹃植物资源进行评估和预测，着重从化学生态学角度审视杜鹃群落、种群的健康状况，涉及遥感、森林生态、植物种群、土壤生态等领域的技术，更为翔实地评估了百里杜鹃群落现状和发展趋势，为森林可持续管理提供了技术参考和决策依据。

1.2　贵州百里杜鹃位置

2007年9月，贵州省委、省政府批准成立贵州百里杜鹃风景名胜区管理委员会（简称百里杜鹃管委会），其为毕节市派出的正县级机构，位于贵州省西北部毕节地区的黔西、大方两县交界处，内设百里杜鹃省级自然保护区和国家森林公园，地理位置为北纬27°10′～27°20′、东经105°52′～106°03′，自然保护区2014年规划面积110.0km^2。保护区内的杜鹃林呈环状分布，长50km、宽1～3km，被誉为"地球彩带，世界花园，养生福地，避暑天堂"（陈训等，2010）。该保护区拥有世界上最大的杜鹃原生林，是保护杜鹃特色森林生态系统及珍稀濒危物种、开展科学研究的重要基地。

1.3 百里杜鹃自然资源与社会经济状况

1.3.1 自然资源状况

百里杜鹃地处黔西高原向黔中中山丘陵过渡的斜坡地带，属于高原中山丘陵地貌类型，海拔1500~1800m。保护区内基岩主要为碳酸盐岩，其分布面积约占70%，主要分布着下二叠统含燧石灰岩、寒武系中上统白云岩。土壤类型以山地黄壤和山地黄棕壤为主，土壤表层pH为4.5~6.5，下层pH 5.0左右，这种酸性土壤适宜杜鹃生长（刘振业，1987）。

保护区地处低纬度、高海拔地区，气候类型属于亚热带湿润气候。年平均气温11.8℃，年降水量1180.8mm，全年雨日多达220.5天。年平均相对湿度84%，4月平均相对湿度最小，为79%，12月平均相对湿度最大，达89%，表现出冬湿春干。气候环境比较温凉，适宜杜鹃的生长。主要灾害性天气有春季低温、春旱；秋季低温绵雨、暴雨、冰雹、霜冻等（乙引等，2016）。

保护区位于乌江水系（六冲河、鸭池河）与赤水河水系的分水岭上，地面河流较少，河流为山区雨源型，流程短，流域面积小。夏秋雨季河水陡涨，冬春两季少雨，河水流量小，河流山川径流主要依赖降水补给。境内河流属于长江上游的赤水河水系与乌江水系，流经保护区境内的河流主要有西溪河、乌溪河、米底河、乌泥河。

保护区地处中亚热带常绿阔叶林亚带，地带性植被是常绿阔叶林，同时又表现出明显的过渡性和次生性特征。全区森林覆盖率62.85%，现有植被中多以各种灌丛植被为主，尤其以品种繁多的杜鹃花丛为主。经过调查研究，该保护区共有鸟类418种，兽类34种。维管植物627种，分属于134科274属。其中杜鹃属植物36种（含亚种、变种），分属于5个亚属，即常绿杜鹃亚属、杜鹃亚属、马银花亚属、映山红亚属、羊踯躅亚属。

1.3.2 社会经济状况

截至2018年年底，百里杜鹃管委会辖区总面积511.25km^2，常住人口10.74万人。2018年全区生产总值为36.05亿元，按可比价格计算，同比增长11.4%，人均生产总值为33 566元。当地居民传统经济收入主要来源为种植烤烟、中药材、食用菌和矿产开采、外出打工、养殖业，随着百里杜鹃管委会"旅游统揽、全域打造、全时延伸、实干升级"思路的贯彻和实施，全区第三产业增长迅速。2018年接待旅游总人数380.6万人次，同比增长33.5%，实现旅游综合收入 26.26 亿元，同比增长 37.7%（百里杜鹃管理区统计局，2019）。

1.4　数据收集与研究方法

1.4.1　资源评价与遥感数据收集

本研究中所采用的数据有遥感卫星数据、地面实测数据和辅助数据三种。遥感卫星数据包括15景Landsat TM/OLI遥感卫星数据、7景Landsat地表反射率数据。百里杜鹃地面实测样地30个（图1-1），调查GPS、土地利用类型、植被覆盖度、代表物种光谱及叶绿素含量等信息；GPS信息及地表覆盖类型信息记录点共700个。辅助数据包括4景Google Earth高清图像数据，以及气象数据、地方统计数据、调查问卷统计结果与保护区相关管理部门提供的历史数据等。

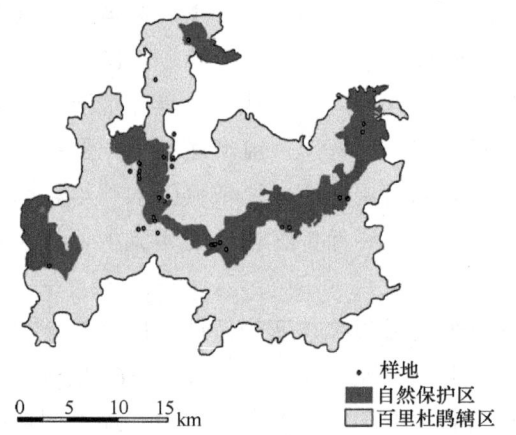

图1-1　百里杜鹃省级自然保护区内样地分布示意图

1. 遥感卫星数据收集及预处理

1）Landsat系列遥感影像

Landsat系列卫星具有覆盖广、数据更新速度快、较高的时空分辨率和光谱分辨率、数据免费且容易获取、延续性较强等优点，被广泛用于林业、农业估产，研究地形地貌，监测和预报各种自然灾害与环境污染（大气污染、水体污染），以及绘制各种遥感专题图。

Landsat遥感卫星影像，因其数据时间连续性长、时空分辨率和光谱分辨率较高、可免费获取，在监测长时间森林变化方面具有突出优势。本研究采用多时相的Landsat系列卫星影像为数据源，对1992年、1997年、2002年、2006年和2015年5个时相的百里杜鹃土地利用类型进行分类提取，并基于马尔可夫模型对其土地利用类型变化进行了预测；基于Landsat 4-7 Climate Data Record (CDR) Surface Reflectance产品对基于植被指数的1988~2016年百里杜鹃森林动态变化进行分析（USGS，2016），并基于百里杜鹃土地利用类型分类提取结果，从景观格局角度对其森林动态变化进行分析。在获取遥感卫星影像时，主要有两方面要求：数据质量要高，无条带和坏死点，尽量避免云雨干扰；由于要基于不同植被的生长季节特性来对森林林分进行分类提取，因此，针对每个研究年，需获取3期时间相近但不同季相（其中1期在3~5月，杜鹃群落盛花期）的遥感影像进行分析。

2) 遥感数据预处理

遥感是利用地物电磁波辐射水平的灰度信息，通过处理、分析、解译，达到地物识别和专题研究的目的。由于影像的成像过程受到很多因素的影响，如卫星速度变化、电磁波与大气的相互作用、随机噪声等，实际的图像灰度值并不完全是地物辐射电磁波能量大小的反映，造成影像的辐射失真和几何畸变。因此，在进行遥感图像处理前，还需要根据具体需要进行校正处理，一般包括图像的几何校正和辐射校正。

几何校正：图像配准（image registration）是将不同时间、不同传感器（成像设备）或不同条件下（天候、照度、摄像位置和角度等）获取的两幅或多幅图像进行匹配、叠加的过程，目的是消除不同传感器影像上的偏差和误差。本研究使用ENVI 5.1遥感数据处理分析软件，以2015年11月7日的GF-1遥感影像为基准影像，选用约150个控制点，采用二阶多项式转换函数对所选用的15景Landsat遥感影像进行配准，采用最邻近像元值对匹配的遥感影像进行重采样，并使转换误差控制在0.5个像元内。

辐射校正：Landsat为中等分辨率地球同步高轨道卫星，GF-1WFV为高分辨率地球同步高轨道卫星，同一研究区域的过境时间基本一致，因此需进行辐射定标和大气校正处理。本研究选用的遥感影像均为Level 1级别影像，系统辐射定标已经完成，可直接将像元值DN转化为绝对辐射亮度值（邓辉，2014）。采用ENVI 5.1软件的Radiometric Calibration模块完成遥感影像的辐射定标处理；采用FLAASH模型对遥感影像进行大气校正处理。

2. 地面实测数据

为保障研究的数据需求及结果的精度验证需要，野外调查组于2014年10月23～27日、2015年8月2～6日、2016年4月10～13日在贵州省百里杜鹃管委会辖区内进行了3次野外调查。样地大小依据Landsat TM和OLI卫星数据的空间分辨率设置为30m×30m。调查共设置野外调查样地30个，调查内容包括土地利用类型、植被覆盖度、植物种类、地理坐标（GPS，使用Trimble Juno SB记录）、代表物种光谱及叶绿素含量等；记录信息点700个，主要包含GPS信息、土地利用类型及植被特点。

3. 辅助数据

本研究的辅助数据包括气象数据、土壤数据、高程数据、地方统计数据、保护区历史资料、相关科研文献和其他信息。用于进行森林动态变化中气候因素影响研究，研究区气象数据来自大方县和黔西县的国家气象站点，这两个气象站点记录了自1960年1月1日以来的日降水量、日平均气温、日平均风速等气象信息。高空间分辨率遥感图像数据是由Google Earth软件提供的截图影像，获取于1992年、1997年、2002年、2006年及2015年的12月31日，该影像用于验证土地利用类型的分类提取结果精度。其他数据（社会经济、动植物资源等）是通过地方政府网站公开报告、保护区委员会资料、保护区科学考察资料、研究区问卷调查及相关研究文献调研等方式获取的，通过整理分析，用以对森林动态变化的驱动力进行分析和对森林健康进行评价等。

1.4.2 森林土壤和林窗调查与数据收集

1. 林窗调查、采样与数据收集

2016年11月，在百里杜鹃普底景区不同海拔、坡度、坡位共采集林窗样点15个，并在附近（>8m）采集一个林下样地作为对照（表1-1）。2017年5月，第二次进行林窗林下实地调查，在百里杜鹃普底与金坡景区不同坡度、坡位、坡向（阴坡和阳坡）共采集林窗39个，同时在附近（>8m）采集一个林下样地作为对照，面积较大林窗采集一个林缘样点，共采集11个林缘样点。林窗采用随机布点和典型抽样相结合的方法，在每个样地中运用5点法采集土壤样品（Dalle et al.，2014），土壤采集0～10cm深度的表层土。林窗中土壤的采样点位于林窗

中央，林窗大小通过测量取得，林下样地位于杜鹃属植物形成的封闭冠层，尺度设置为5m×5m，林缘样地位于林窗与林窗形成木覆盖的边界处，大小设置为1m×1m，采样与到树桩采样点距离至少0.8m，以减少死亡树根对实验测量结果的干扰。采土样时去除表层的凋落物、有机残渣和大块石头，将采集的土壤装入保鲜袋，带回实验室备用。

表1-1 采样点调查信息表

样点类型	林窗	林下
样点数	15	
经度	东经 105°51′08″ ~ 105°51′47″	
纬度	北纬 27°13′39″ ~ 27°14′33″	
海拔	1590 ~ 1776m	
坡度	缓坡（0°~9°），中坡（10°~29°），陡坡（30°~50°）	
坡位	下坡位，中坡位，上坡位	
主要物种	马缨杜鹃 Rhododendron delavayi，映山红 Rhododendron simsii，青冈 Cyclobalanopsis glauca，南烛 Vaccinium bracteatum，茅栗 Castanea seguinii，露珠杜鹃 Rhododendron irroratum，迷人杜鹃 Rhododendron agastum，板栗 Castanea mollissima，金丝桃 Hypericum monogynum，枹木 Eurya japonica，白栎 Quercus fabri，云南樟 Cinnamomum glanduliferum	马缨杜鹃 Rhododendron delavayi，露珠杜鹃 Rhododendron irroratum，迷人杜鹃 Rhododendron agastum，青冈 Cyclobalanopsis glauca，枹木 Eurya japonica，白栎 Quercus fabri，楤木 Aralia chinensis，箭竹 Fargesia spathacea

同时统计林窗与林下的植物种类、株数（或丛数）、盖度，样地的类型编号、经纬度、海拔、坡位、坡度、光照强度等非生物因子。每个样地的海拔、经纬度均由便携式定位GPS计测得，坡位、坡度由罗盘测定（刘羽霞等，2017）；土壤温度由四合一土壤检测仪测得，样点光照由光度计（TES-1334A，台湾泰仕电子工业股份有限公司）测得，枯落物厚度用卷尺量取，均为原位测量。将采集的土样带回实验室，挑出大的石块和植物根茎后混合均匀，自然风干后磨细、过筛（0.15mm）后，置于自封袋内密封待用，采用电极电位法测定土壤pH。

土壤含水率的测定采用烘干法：将备好的新鲜土样放入烘干的铝盒在分析天平上称重，精确至0.01g。将盒盖倾斜放在铝盒上，置于已预热至（105±2）℃的恒温干燥箱中6~8h，烘干至恒重。盖好取出，在干燥器中冷却至室温，立即称重，精确至0.01g。

含水率计算公式为

$$水分(\%) = (m_1 - m_2) \times 100 / (m_1 - m_0)$$

式中，m_0为烘干空铝盒质量；m_1为烘干前铝盒及土样质量；m_2为烘干后铝盒及土样质量。

林窗面积的调查测量参照张金屯和孟东平（2004）中的椭圆面积计算公式

$$A=\pi LW/4$$

式中，A为林窗面积；L为林窗长度；W为林窗宽度（与长度相垂直的最大直径）。

环境因子中温度差为林窗表层土壤温度与林下表层土壤温度之差；光照强度差为林窗表层光照强度与林下表层光照强度之差；光照强度比为林下表层光照强度与林窗表层光照强度之比。

本研究采用Margalef植物丰富度指数（R，简称Margalef指数）、Simpson指数（D）、Shannon-Wiener指数（H）和Pielou均匀度指数（E）测度植物物种多样性，公式分别为

$$R=(S-1)/\ln N$$
$$D=1-\sum P_i^2$$
$$H=-\sum P_i \ln P_i$$
$$E=H/H_{max}$$

式中，S为样地中某一层次的总植物数；N为样地内某一层次所有植物总个体数；P_i是第i种植物的个体数N_i占总个体数N的比例（$P_i=N_i/N$）；H_{max}为最大的植物多样性指数（$H_{max}=\ln S$）（李博，2000）。

2. 森林土壤样品预处理和测定

将采集的森林土壤样品混合，自然风干，挑出石块和植物根茎，然后将它们通过100目筛，分离细土和粗土壤，并置于密封袋中待测定土壤性质。根据张万儒等（1999）描述的方法分析了土壤化学性质，土壤pH以1∶2.5的土壤与水的悬浮液比率测量。使用$K_2Cr_2O_7$外加热法测量土壤有机碳（SOC），使用微量凯氏定氮法测量总氮（TN），使用NaOH熔融和钼锑抗比色法测定总磷（TP）。使用碱解扩散法测定速效氮（HN），使用0.5mol/L-$NaHCO_3$浸提-钼锑抗比色法测定土壤速效磷（AP），运用乙酸铵浸提-火焰光度计法测定土壤速效钾（AK）。在105℃下干燥52～126g田间潮湿土壤样品24h，分析测定土壤含水量（SWC）。

土壤重金属的测定：Hg和As采用王水消解，测定采用非色散原子荧光光谱仪（北京吉天仪器有限公司，AFS-933）（范明毅等，2016）。经过混酸

（HNO₃-HF-HClO₄）开放式消煮后（Jiao et al.，2015）采用5300DV型电感耦合等离子体-原子发射光谱仪（美国Perkin Elmer公司）测定Pb、Zn、Ni、Cr、Cd、Mn、V、Fe、Ca、Mg和Na含量，测定结果以干重计，测定时均做空白实验和平行实验。

3. 数据分析与绘图

采用单因素方差分析（one-way ANOVA）和最小显著差异法（LSD）进行方差分析，采用多重比较方法分析物种多样性指数，采用Pearson相关性分析方法分析不同多样性指数与环境因子之间的相关性。

利用K-S检验（$P>0.05$）对林窗和林下不同坡位与坡度的土壤性质数据进行归一化，并采用独立样本t检验，由SPSS 24.0完成分析。运用R语言（版本3.5.0）进行Pearson相关性分析，分析林窗和林下土壤性质之间的相关性。

典范对应分析用于分析植物物种的变化及其与环境变量的关系，使用"手动选择"选项和蒙特卡罗检验（显著水平$P\leqslant0.05$）确定最重要的环境变量，由软件CANOCO 4.5完成分析（Ter Braak and Šmilauer，2001）。坡位以数字等级表示，即下坡位1、中坡位2和上坡位3，其他数据采用实际测量值（张忠华等，2011）。在分析之前，所有数据都进行log对数转化。"随机森林"用于识别最重要的协变量（Breiman，2001；Archer and Kimes，2008）。本研究用于识别小林窗和林下最重要的土壤性质变量，在R语言（版本3.5.0）中调用"随机森林"包完成分析。软件Origin pro（版本8.5.1）和ArcGIS 10.3用于绘图。

1.5　本章小结

本章从研究目的、意义方面入手，以百里杜鹃野生杜鹃群落林窗为主要研究对象，探讨杜鹃群落的林窗和林下环境因子（土壤理化性质、光照）差异对林窗杜鹃种子萌发及幼苗生长的影响，为杜鹃林天然更新提供研究支撑。通过深入地研究林窗干扰造成的杜鹃林环境因子的差异给杜鹃林天然更新带来的影响，判定是否可以通过人工创造林窗来辅助杜鹃的天然更新。在百里杜鹃野生杜鹃群落天然更新存在障碍的现状下，研究林窗内微环境和物种多样性间的联系对于我们进行人工辅助森林群落的天然更新具有重要的实践意义，为进一步在百里杜鹃野生杜鹃群落的人工林窗辅助天然更新提供参考。

本章同时对研究区概况进行介绍，并对研究所需的数据及其预处理进行了简单阐述，所用的数据主要包括遥感卫星数据、地面实测数据及其他辅助数据。其中，遥感卫星数据主要有Landsat系列遥感卫星影像及其地表反射率产品，遥感影像预处理主要包括辐射校正和几何校正。地面实测数据是通过对研究区进行的3次野外调查实验获取的。其他辅助数据包括Google Earth提供的高分辨率遥感影像截图、统计数据、社会经济数据、气候数据、土壤数据等。

第2章 贵州百里杜鹃森林动态变化遥感诊断

森林动态变化遥感诊断，是采用遥感技术对森林的动态变化进行监测和分析。森林是陆地上最大的生态系统，是地球表面一种重要的植被类型，它对于维持全球生态平衡具有不可替代的作用。森林覆盖变化既包含森林与其他地物类型间的转化，又包括不同森林种类间转化的含义。及时准确获取森林覆盖变化信息，对于实现森林资源可持续经营管理等具有重要意义（吴雪琼等，2010；曹春香等，2015）。本章从植被指数、景观格局和土地利用类型变化3个层面对百里杜鹃1992～2015年的森林动态变化进行了分析，并结合气象数据、统计数据、调查记录和保护区考察记录等辅助数据分析结果，对引起该区森林变化的原因进行了探讨。森林动态变化遥感诊断流程如图2-1所示。

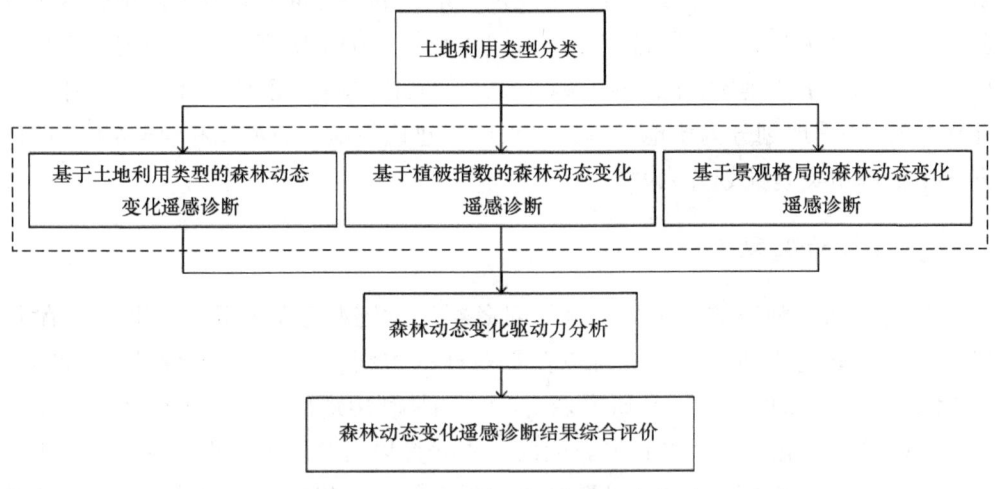

图2-1 森林动态变化遥感诊断流程图

2.1 基于土地利用类型的森林动态变化遥感诊断

土地利用与土地覆盖变化（land use and land cover change，LUCC）已成为当今全球环境变化研究与探讨的重要内容之一，国内外学者针对LUCC在城市化进程、景观格局和生态环境方面的影响开展了大量的研究（高凌寒等，2016）。土地利用类型的变化，能够反映土地生态过程的作用结果，使人们了解在一定人类社会影响下生态环境的变化趋势，可以为制定科学有效的土地利用管理策略提供支持和借鉴，为区域社会经济发展提供指导（王友生等，2011）。

本研究以Landsat遥感影像为数据源，结合当地植被物候特征、保护区森林资源分布图等辅助数据和野外调查实测数据，采用支持向量机（SVM）算法对百里杜鹃1992~2015年5个代表时相的不同土地利用类型进行了划分和提取。从土地利用类型变化的角度分析了百里杜鹃森林的动态变化情况，并基于马尔可夫模型对未来的土地利用情况进行了预测。本部分研究，为后续两个不同角度的森林动态变化研究提供了数据支撑，也为百里杜鹃未来的用地规划及森林资源经营管理提供了参考。

2.1.1 百里杜鹃土地利用类型的分类提取

1. 土地利用类型的划分

百里杜鹃管委会辖区，其核心是保护当地的特色杜鹃种质资源，因此，本研究在《国家森林资源连续清查技术规定》地类划分标准的基础上，结合百里杜鹃的土地覆盖状况、遥感影像特点与植被生长特点确定研究区的土地覆盖划分类型，类型包含Ⅰ级地类2个：林地和非林地。其中林地包含杜鹃林、杂木林和针叶林3类；非林地划分为耕地、草地、水体、建设用地、石漠化和煤矿6类，即研究区土地利用类型共划分为9类。

2. 分类特征的选取

在划分土地利用类型之后，基于对各类别的遥感影像特征的分析及文献调研结果，可确定本研究分类的难点在于对林地类别下杜鹃林、杂木林、针叶林3类用地的分类和提取。已有研究表明，花期是利用遥感技术实现植物种类识别的关键时期（盖颖颖等，2011）。因此，本研究以研究区植被物候特征作为主要分类依据。经调查发现，百里杜鹃省级自然保护区内优势杜鹃种的生长周期比较一致，花期集中在3~5月，这个时期内可较为明显地将几个优势杜鹃种与其他树种区别开，便于区别杜鹃林、杂木林和针叶林。因此，本研究利用3期遥感影像（2014年7月5日、2015年4月3日和2015年11月29日）对2015年的百里杜鹃土地覆盖类型进行分类提取。

为增加植被之间的可分性，本研究选择了3个时期的6个植被指数（傅银贞等，2010）作为分类特征，分别为归一化植被指数（NDVI）、绿色归一化差值植被指数（GNDVI）、比值植被指数（RVI）、差值植被指数（DVI）、绿度植被指数（GVI）、归一化差异绿度植被指数（NDGI）。这些植被指数的定义如表2-1所示。

表2-1 本研究所采用的植被指数定义（傅银贞等，2010）

植被指数	定义	来源
归一化植被指数	$NDVI=\dfrac{MIR-Red}{MIR+Red}$	Rouse et al., 1974
绿色归一化差值植被指数	$GNDVI=\dfrac{NIR-Green}{NIR+Green}$	Gitelson et al., 1996
比值植被指数	$RVI=\dfrac{NIR}{Red}$	Jordan, 1969
差值植被指数	$DVI=NIR-Red$	Richardson and Wiegand, 1977
绿度植被指数	$GVI=\dfrac{NIR}{Green}$	Kauth and Thomas, 1976
归一化差异绿度植被指数	$NDGI=\dfrac{Green-Red}{Green+Red}$	Chamard et al., 1991

注：MIR. 中红外波段反射值；NIR. 近红外波段反射值；Red. 红光波段反射值；Green. 绿光波段反射值

本研究还选用了3个时期遥感影像的第1~5波段和第7波段共6个反射率数据及30m分辨率的DEM数据作为分类特征，原始分类特征总计37个。

3. 分类提取方法

1）主成分分析

已有研究表明，分类结果的精度与分类特征的多少没有直接关系，分类特征之间可能存在冗余信息，严重时将导致结果精度的下降。在多光谱遥感影像中，各波段的数据间具有很高的相关性，选用原始光谱作为分类特征会包含许多冗余信息。因此本研究首先采用主成分分析方法对原始的37个分类特征进行降维处理，在尽量不丢失原始信息的情况下，去除原始特征中的冗余信息，以达到数据压缩和图像增强的效果。

2）支持向量机及EnMAP-Box

支持向量机是一种基于统计学习理论的机器学习算法，旨在解决现实问题中小样本条件下的模式识别问题（贾坤等，2011）。通过求解最优化问题，在特征空间中寻找最优分类超平面，从而解决复杂数据的分类及回归问题。支持向量机已经成功应用于土地覆盖、土地利用分类、农作物分类，多时相遥感数据的变化监测，以及多源遥感数据信息融合等方面。本研究选用支持向量机对研究区内的地表地物进行分类。

EnMAP-Box是由德国环境制图与分析计划（Environmental Mapping and Analysis Program）项目组基于交互数据语言（interactive data language，IDL）开发的处理高光谱遥感数据的工具包（林海晏等，2014）。工具包提供了数据归一化、SVM、随机决策森林（random decision forest，RDF）的分类和回归、滤波等功能。目前，EnMAP-Box的组件式设计可以和ENVI遥感图像处理软件较好地耦合，且用户界面简单易用。内置模块可以提供Savitzky-Golay平滑滤波器和基于网格搜索参数优化的支持向量机的图像分类等。本研究使用EnMAP-Box的SVM分类器，将其集成到ENVI中，对Landsat遥感图像进行分类。该SVM分类模块依赖于Chang和Lin（2011）开发设计的LIBSVM，其模块同时集成了网格搜索参数优化功能。

4. 结果及精度验证

1）分类特征主成分分析结果

在进行分类之前，首先使用ENVI 5.1中的band math对原始分类特征进行归一化操作。利用主成分分析方法对归一化后的分类特征降维，其中第1个主成分的贡献率为63.07%，前5个主成分的累计贡献率达94.37%。为了压缩原始特征，同时使得原始信息丢失最少，本研究保留5个主成分，其结果如图2-2所示。

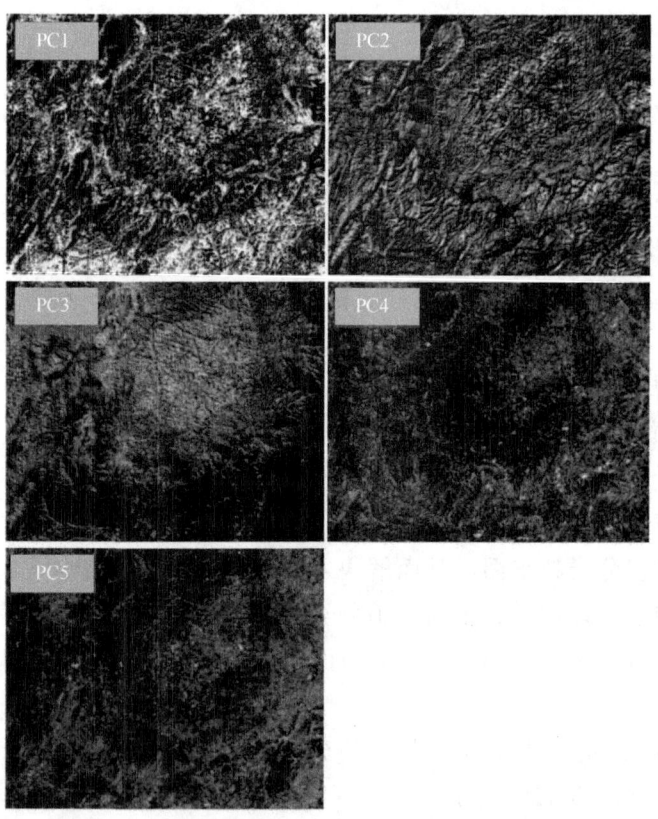

图2-2　保留5个分类特征的主成分分析结果（彩图请扫封底二维码）

2）土地覆盖类型分类提取结果

根据百里杜鹃野外实地调查的GPS信息点数据，结合保护区管理局提供的规划图、森林资源二类调查图等辅助数据，选择了700个信息点作为分类样本数据。将样本进行随机分类，50%作为训练样本，50%作为测试样本。由于本研究选择的分类器为支持向量机，核函数为径向基函数，而已有研究表明，SVM的分类精度与惩罚参数和核函数参数密切相关，因此首先用工具箱内带的网格法对分类参数进行寻优，用最优参数对样本数据进行分类，分类结果如图2-3所示。

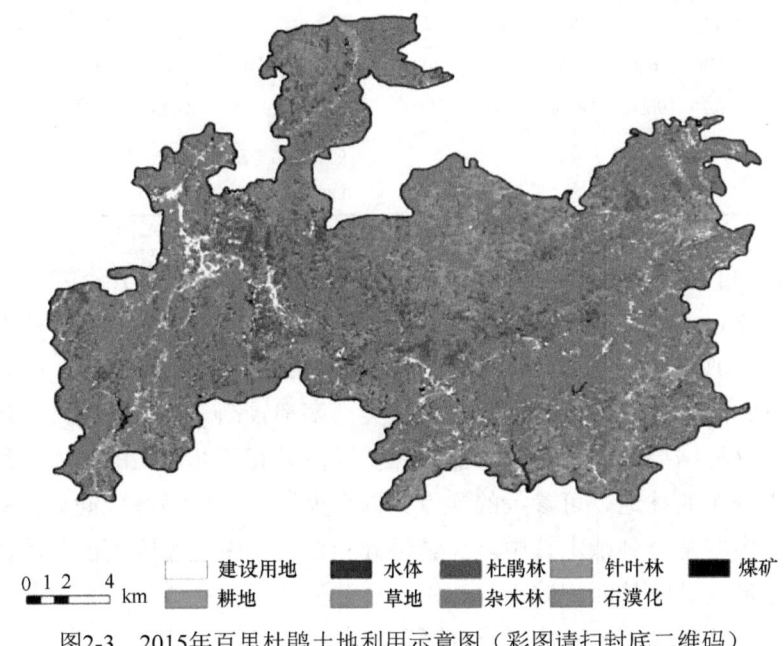

图2-3　2015年百里杜鹃土地利用示意图（彩图请扫封底二维码）

3）精度验证

本研究利用野外调查的信息点数据作为先验知识建立混淆矩阵，对分类结果进行精度检验。通过混淆矩阵分别计算用于结果评价的总体精度、生产者精度、用户精度及Kappa系数，结果如表2-2所示。

表2-2　2015年百里杜鹃土地利用类型分类结果混淆矩阵精度评价

	建设用地	耕地	水体	草地	杜鹃林	杂木林	针叶林	石漠化	煤矿	总和	用户精度/%
建设用地	168	16	1	0	0	0	0	7	3	195	86.15
耕地	49	630	5	1	0	5	0	40	6	736	85.60
水体	0	0	128	0	0	0	0	0	0	128	100.00

续表

	建设用地	耕地	水体	草地	杜鹃林	杂木林	针叶林	石漠化	煤矿	总和	用户精度/%
草地	0	0	0	358	2	0	3	0	0	363	98.62
杜鹃林	0	2	0	29	304	24	7	6	0	372	81.72
杂木林	0	1	1	15	76	1289	180	3	1	1566	82.31
针叶林	0	0	0	8	15	37	80	0	0	140	57.14
石漠化	8	6	0	0	8	19	0	417	4	462	90.26
煤矿	14	0	28	0	2	0	0	28	100	172	58.14
总和	239	655	163	411	407	1374	270	501	114	4134	
生产者精度/%	70.29	96.18	78.53	87.10	74.69	93.81	29.63	83.23	87.72		
总体精度/%					84.03						
Kappa系数					0.8023						

由表2-2可知，2015年百里杜鹃管委会辖区土地利用类型分类的总体精度为84.03%，Kappa系数为0.8023。其中，草地的用户精度和生产者精度分别为98.62%、87.10%，杜鹃林的用户精度和生产者精度分别为81.72%、74.69%，分类效果较好。除针叶林外，其他类别的分类精度都较高。针叶林的漏分现象较为严重，造成这种结果的主要原因可能是保护区内只有西北角上的国有林场区域是针叶林集中分布的林地，可参考的样点数据太少，因此较易造成漏分。另外，针叶林错分较多的是分到杂木林中，少量错分到杜鹃林中，原因可能是除国有林场外，其他区域的针叶林面积较小且与别的林分混杂，树种成分复杂、长势不一，各树种冠层相互交叠，光谱信息难以区别，容易造成错分。

4）1992～2006年百里杜鹃土地利用类型分类提取

前文针对百里杜鹃2015年的土地利用类型分类提取研究，优化了SVM分类器的分类参数设置，其精度验证结果表明该方法可用于研究区的土地利用类型提取。因此使用同样的方法对研究区1992年、1997年、2002年和2006年的土地利用类型情况进行了分类提取，结果如图2-4所示。

由于该区土地利用类型的历史实测数据难以获取，本研究采用Google Earth中的相应时相高清遥感影像截图作为分类精度的验证数据。每个时相随机选用150个验证点（图2-5）（刘迪，2017），对应Google Earth影像进行目视解译，判断其分类准确性。根据目视解译判读结果，各时相的用地分类结果提取精度分别为：1992年84%、1997年80%、2002年77%、2006年79%。精度验证结果表明，该方法提取的土地利用类型结果可用于后续的相关分析和预测。

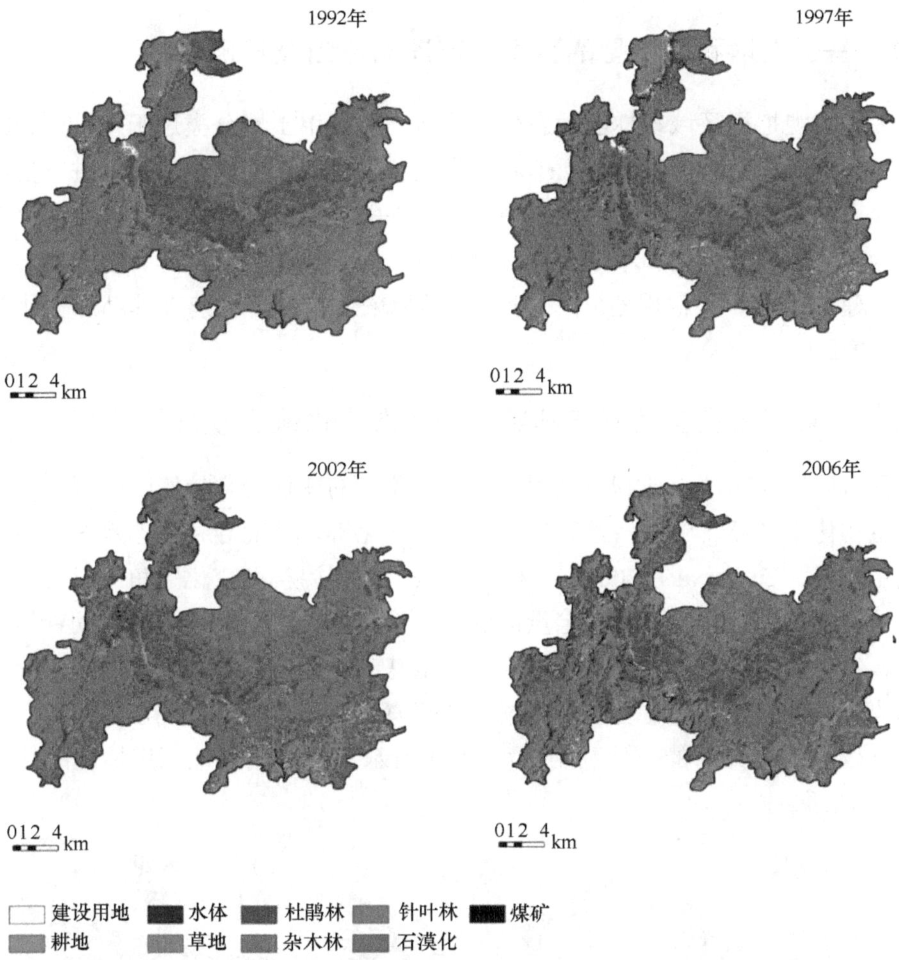

图2-4　1992年、1997年、2002年及2006年百里杜鹃土地利用示意图（彩图请扫封底二维码）

图2-5　1992年百里杜鹃Google Earth影像截图及土地利用随机验证点示意图
（彩图请扫封底二维码）

2.1.2 基于土地利用类型的百里杜鹃遥感诊断及预测

为了宏观把握区域森林的动态变化趋势,减少由土地分类过于细碎引起的变化预测精度下降,本节在2.1.1土地利用类型分类提取研究的基础上,进一步将林地分类下的杜鹃林、杂木林和针叶林3个子类别合并为森林,煤矿和石漠化地区合并为其他用地,耕地和草地合并为耕(草)地,最终使用森林、耕(草)地、水体、建设用地和其他用地5个土地利用类型来进行百里杜鹃森林动态变化及预测的研究。

1. 基于土地利用类型的百里杜鹃森林动态变化遥感诊断

已有研究表明,土地利用类型(土地覆盖)的变化会直接影响区域生态系统中的生物化学循环、土壤侵蚀和生态多样性变化等,从而导致生态系统的各项功能发生变化(Yue et al., 2006)。因此,从土地利用类型变化的角度对百里杜鹃森林动态变化进行空间分析、定量评价及科学预测,不仅能够为该区的森林生态系统、生物多样性和生物栖息地等研究奠定基础,还能为管理部门的经营管理及规划决策提供科学参考。首先,根据本节研究需要,对百里杜鹃多年土地利用类型进行合并,合并后的土地利用图如图2-6所示,各时相土地利用情况统计结果如表2-3所示。

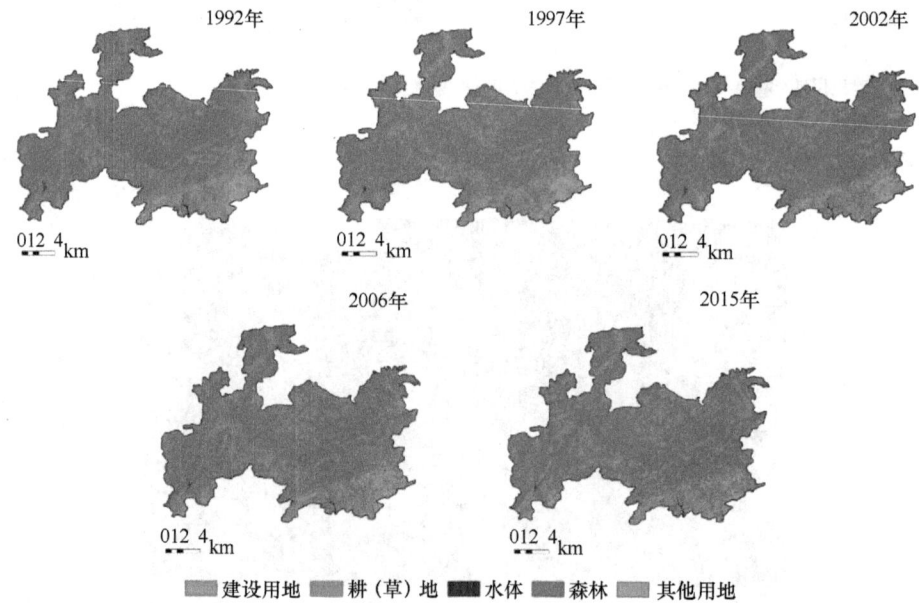

图2-6 1992年、1997年、2002年、2006年及2015年百里杜鹃土地利用示意图
(彩图请扫封底二维码)

表2-3 百里杜鹃1992～2015年不同土地利用类型面积分类 （单位：km²）

时间类别	1992年	1997年	2002年	2006年	2015年
建设用地	14.66	11.06	12.22	12.62	23.76
耕（草）地	129.57	117.24	107.18	118.01	104.74
水体	0.89	0.75	0.75	1.44	0.82
森林	316.62	325.03	327.67	310.39	317.49
其他用地	49.71	57.36	63.62	68.98	64.58

由表2-3可知，百里杜鹃辖区范围1992年的森林面积为316.62km²，非林地面积为194.83km²；2015年森林面积为317.49km²，非林地面积为193.90km²。森林面积与非林地面积整体上变化并不明显：森林面积出现了轻微增加，非林地面积略有下降。分析不同用地类型的变化可知，面积变化幅度最大的土地利用类型为建设用地，其次为其他用地和耕（草）地。建设用地23年内面积增加了9.1km²，平均年增长率为2.12%；其他用地面积增加14.87km²，平均年增长率为1.15%；而耕（草）地面积减少24.83km²，平均年减少率为0.92%。

对百里杜鹃长时间序列的森林面积变化进行分析，本研究的5个代表时相中，2002年森林面积最大，为327.67km²，2006年出现最低值，为310.39km²。研究区的森林面积1992～2015年呈现出"上升—下降—上升"的变化趋势。对百里杜鹃当地实际走访调查和搜集到的相关数据资料进行分析，推测造成该变化趋势的主要原因有：1992～2002年，当地经济发展较为缓慢，人口增加较少，人为活动负面干扰较小。同时，百里杜鹃所处的大方和黔西两县，是1989～1998年开展的长江中上游防护林体系建设工程的实施县，在该时段内由地方政府和林业部门牵头，当地完成了大量的植树造林工程，促使森林面积出现明显增长（森林面积增加11.05km²，年均增长率0.34%）。2002～2006年出现的森林面积减少，主要是由于当地经济建设的发展和人口的增加，给当地森林资源带来较大压力[建设用地和耕（草）地面积增加]，且当时区内小煤矿较多，管制强度不够，开采过程对地面植被破坏较大（其他用地面积增加），造成森林面积大幅减少（森林面积减少17.28km²，年均减少率为1.27%）。2006～2015年，百里杜鹃森林面积再次呈现增加，但增加趋势比较平缓（森林面积增加7.10km²，年均增长率0.25%）。分析其原因，主要有以下两个方面：一方面，2007年7月，贵州省人民政府批准成立了百里杜鹃省级自然保护区，同年成立了百里杜鹃管委会，为地委、行署正县级派出机构，对保护区进行统一管理。随着百里杜鹃管委会的成立，区内森林经营管理力度大大加强，大量林业建设工程的开展和当地民众生态环境保护意识的提升，有力地促进了当地森林生态系统的保护和恢复，"退耕还林""封山育林"等政策的实施，有效地促使森林面积增加。另一方面，区内以特色杜鹃资源为亮点的旅游业在这一时期快速发展，城镇建设进入了高速增长时期，花期游客人数暴涨，人为活动干扰十分剧烈，给当地的森林资源带来很大压力，一定程度上限制了森林面积的增长趋势。

综上所述，研究区的土地利用变化遥感诊断结果表明，百里杜鹃1992~2015年的森林变化整体呈现出"上升—下降—上升"的变化趋势，2015年的森林面积略微高于1992年，影响森林面积变化的主要原因是当地开展的大型林业建设工程及当地经济发展和人口增长带来的人为活动干扰。

2. 基于土地利用类型的百里杜鹃森林动态变化预测

在前文的研究基础上，本部分基于百里杜鹃多年土地利用分类计算结果（5类），采用IDRISI 17.0 Sleva软件中的元胞自动机-马尔可夫（CA-Markov）模型对百里杜鹃森林的未来变化趋势进行了预测，以期更好地为当地管理部门提供决策参考。

1）元胞自动机-马尔可夫（CA-Markov）模型的土地利用变化预测流程

A. 数据准备：由于IDRISI中的土地利用相关模块只能使用自己的栅格数据（.rst），无法使用不同格式的栅格数据，因此需要将前文研究获取的百里杜鹃不同时相的土地利用现状图进行格式转换。首先使用ArcGIS将其转换为".asc"格式的栅格图，再代入IDRISI中转换成".rst"格式的栅格图。

B. 生成马尔可夫转移概率矩阵：应用IDRISI中的Markov模块，将1997年、2006年土地利用类型图分别设置为初始图和现状图，时间间隔设置为9，生成1997~2006年土地利用的马尔可夫转移概率矩阵。该矩阵反映1997~2006年百里杜鹃的土地利用变化过程中某一土地利用类型变为另一种类型的概率，同时还生成一组土地利用转移概率分布图（图2-7），该图显示了1997~2006年每个位置上建设用地的分布概率预测结果。

C. 生成土地利用转换适宜性图集：在土地利用类型变化中，制作不同土地利用类型的适宜性图集非常重要。本研究中，根据文献调研及研究区实地调查分析结果，一方面，利用研究区数字高程模型（DEM）数据作为驱动因子设立各用地类别的适宜高程范围：根据文献调研结果，设置研究区耕地适宜分布区为海拔小于等于1800m的区域（张南等，2014），研究区内其他类别适宜性与海拔无明显相关性。另一方面，以到乡镇的距离作为驱动因子对各地类适宜性分布距离

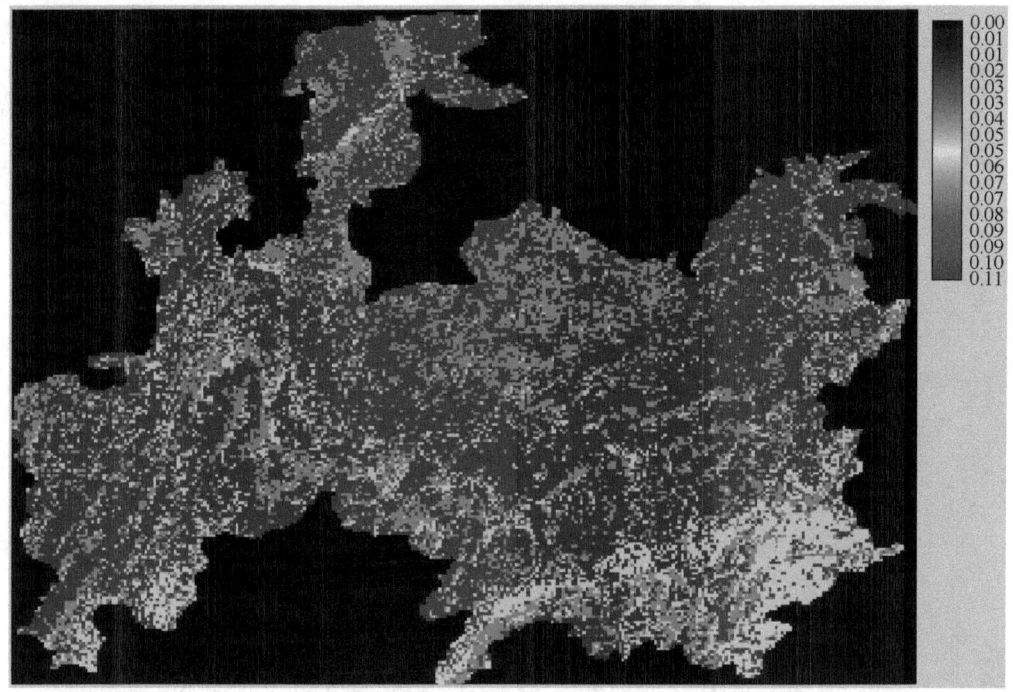

图2-7　百里杜鹃1997~2006年建设用地CA-Markov分布概率预测图（彩图请扫封底二维码）

进行了设定：森林适宜区为与乡镇距离大于1km的区域；建设用地为距离乡镇小于5km的区域，其余类别认为无明显相关性。利用ArcGIS中的缓冲分析功能生成各地类的适宜性分布图，再转换为".rst"格式的栅格图，使用IDRISI中的MCE模块生成土地利用适宜性图像，使用Collection Editor模块将图像叠加为研究区的土地利用转换适宜性图集。

D. CA-Markov模型预测2015年土地利用变化结果：使用CA-Markov模块，将2006年土地利用图作为基本土地覆盖图，分别使用B中获取的1997~2006年马尔可夫转移概率矩阵和C中获得的土地利用转换适宜性图集进行预测，获得2015年的CA-Markov模型预测结果（图2-8）。

E. 预测模拟精度验证：已有研究表明，Kappa系数能够有效地反映图像的一致性。本研究采用IDRISI中的Crosstab模块，将2015年百里杜鹃的土地利用预测图与2015年提取的土地利用分类现状图进行对比分析，模拟结果的Kappa指数为0.74。该数据表明，2015年土地利用预测图与现状图的一致性较高，模拟效果较好，证明使用该方法进行研究区的土地利用变化模拟具有可行性。

F. CA-Markov模型预测2024年土地利用变化结果：使用同样的方法，首先用

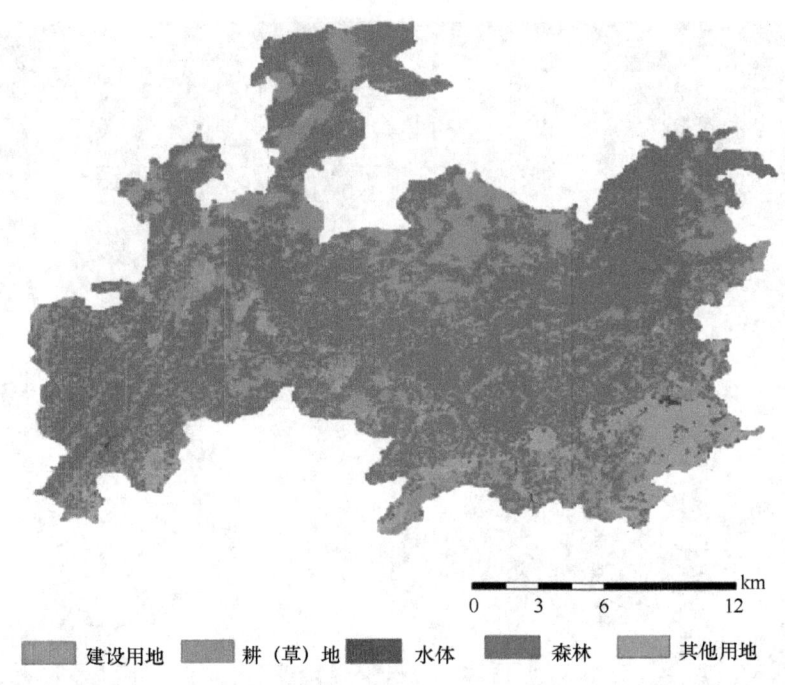

图2-8　2015年百里杜鹃土地利用的CA-Markov预测结果（彩图请扫封底二维码）

2006年和2015年的土地利用图生成土地利用类型转移矩阵，并制作土地利用类型适应性图集；再将2015年作为初始年，9年设为步长，对2024年百里杜鹃的土地利用类型变化进行预测，结果如图2-9所示。

2）元胞自动机-马尔可夫（CA-Markov）模型的土地利用变化结果及分析

应用IDRISI中的Area模块进行统计，百里杜鹃2024年不同土地利用类型面积预测结果如图2-10所示。根据本研究的预测结果，百里杜鹃2024年的森林面积相较2015年将明显减少，减少面积为26.26km^2；建设用地面积增加7.06km^2；耕（草）地面积增加7.8km^2；水体面积减少0.19km^2；其他用地面积增加11.59km^2。根据前文研究可知，在进行土地利用预测时，各类别的面积变化不仅和土地类型转移矩阵相关，还和各类别的土地适宜性图集高度相关。

在本研究中，主要影响预测结果的是制作适宜性图集时森林地类的适宜性划定。由实地调查结果发现，研究区内是典型的喀斯特地貌，森林受地形影响，分布相对碎片化，靠近乡镇区域边界的森林受人为活动影响较大，生长状态不佳，因此将其适宜性距离划分为距离乡镇1km以外区域。而建设用地则表现为越靠近乡镇越适宜，适宜性距离为靠近乡镇5km以内区域。据此，随着人口的不断增加、城乡建设的加快，建设用地和耕地面积将会继续增加，而受其影响，森林的

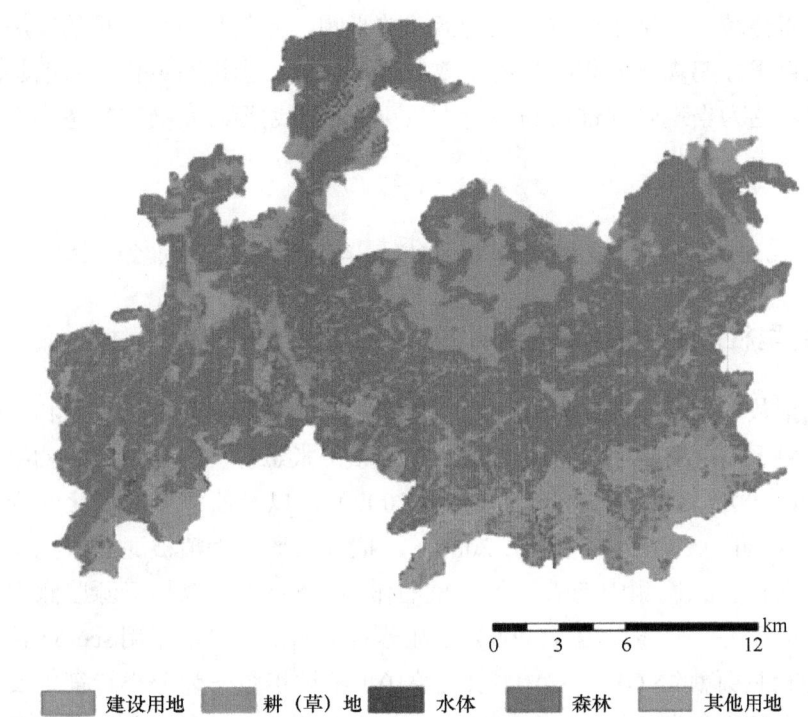

图2-9 2024年百里杜鹃土地利用的CA-Markov预测结果（彩图请扫封底二维码）

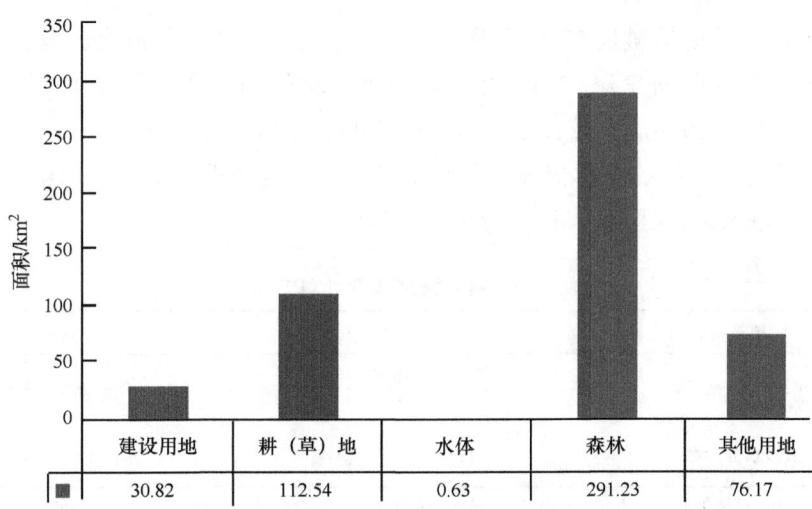

图2-10 百里杜鹃2024年不同土地利用类型预测面积统计结果

分布面积将会减少。结果表明，人为活动的影响，尤其是城乡建设的发展，将是造成未来百里杜鹃森林面积减少的主要原因。此外，当地石漠化现象的加剧也应得到重视，这为当地管理部门与决策人员更好地规划经济发展和生态环境保护提供了理论参考。

2.2 基于植被指数的森林动态变化遥感诊断

2.2.1 百里杜鹃森林植被指数计算

植被指数（vegetation index，VI）是对地表植被活动简单、有效和经验的度量，可以用于估算生物量（Foody et al.，2003；张慧芳，2008）、净初级生产力（王臣立，2006；Isaacman and Wolfe，2007），以及监测草地退化和森林破坏等（Holm et al.，2003；陆贵巧，2006）。植被指数作为植被遥感研究中的重要部分，在森林资源监测中起着举足轻重的作用。NDVI是森林资源监测中最为常用的植被指数之一。潘琛等（2009）以江苏省徐州市为例，采用See 5.0决策树方法，以ETM+影像的NDVI、GVI、RVI等10种植被指数作为分类特征，实现了研究区景观格局的分类。何全军等（2008）综合应用多个植被指数并采用多时相植被指数对广东省的植被长势进行监测，表明该方法能真实地反映植被生长规律、植被分布与覆盖度等。

本研究采用植被旺盛生长季（8~10月）的7景Landsat地表反射率产品，计算了百里杜鹃研究区1988~2016年7个时相的归一化植被指数（normalized differential vegetation index，NDVI）和植被水分指数（$NDWI_{1640}$）。基于计算结果，对研究区多年的森林植被变化状况进行了比较分析，本研究所用植被指数及其计算方法如表2-4所示，计算结果见图2-11。

表2-4 植被指数计算方法

植被指数	定义	文献来源
归一化植被指数	$NDVI = \dfrac{NIR - Red}{NIR + Red}$	Xavier and Vettorazzi, 2004
植被水分指数	$NDWI_{1640} = \dfrac{\rho_{860} - \rho_{1640}}{\rho_{860} + \rho_{1640}}$	Chen et al., 2005

注：NIR. 近红外波段反射值；Red. 红光波段反射值；ρ_{860}. 860nm波段反射率；ρ_{1640}. 1640nm波段反射率

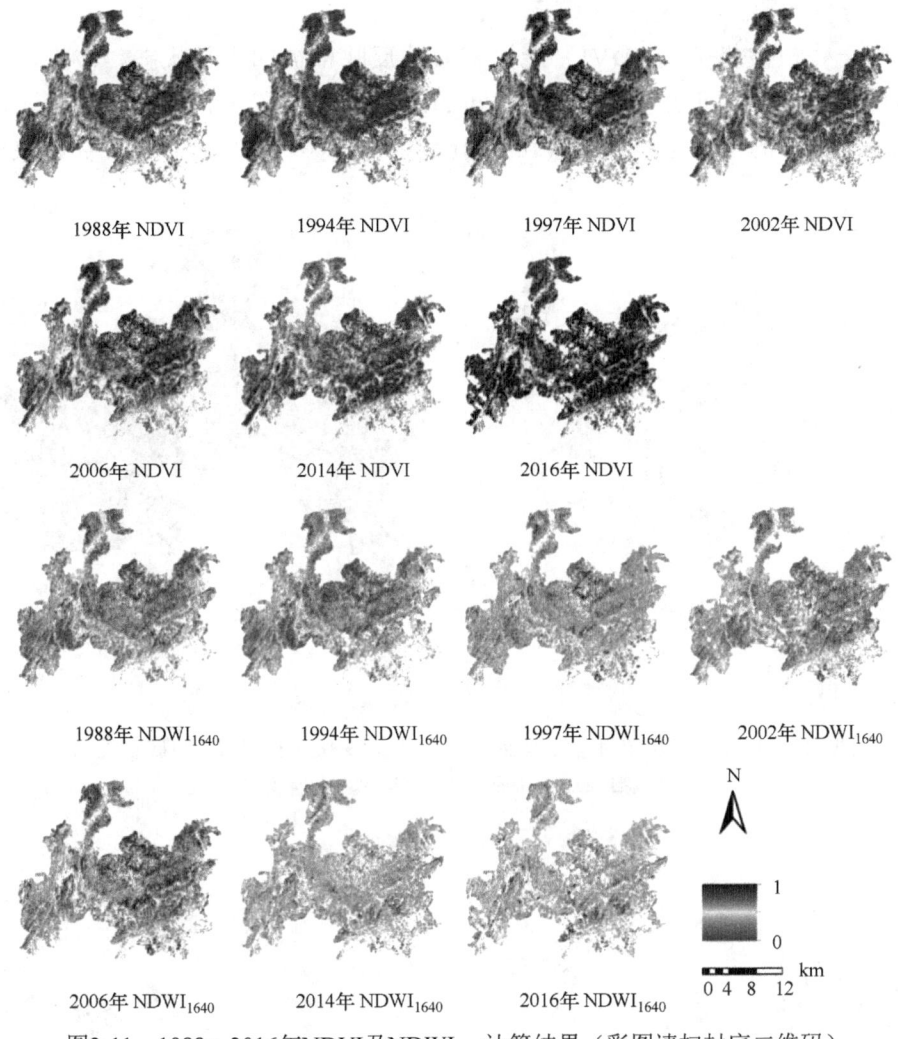

图2-11 1988~2016年NDVI及NDWI$_{1640}$计算结果(彩图请扫封底二维码)

2.2.2 基于植被指数的百里杜鹃遥感诊断

植被变化是非常复杂的问题,已有研究表明,植被的变化趋势具有明显的空间差异性和季节规律性(戴琳等,2014)。其既受到气候条件的影响,又受到人为活动干扰的影响。目前,针对长时间序列数据趋势性分析的统计方法主要有线性回归、滑动平均、曼-肯德尔算法(Mann-Kendall法)、滑动t检验、跃变参数等。本研究采用Mann-Kendall法(田海静,2017)进行研究区长时间植被指数及反演参数的变化趋势分析。1988~2016年百里杜鹃NDVI、NDWI$_{1640}$变化趋势分析结果分别如图2-12、图2-13所示。

归一化植被指数（NDVI）能够有效地反映植被的生长状态，被广泛用于植被研究当中。本研究基于Mann-Kendall非参数估计的方法，对百里杜鹃区域1988～2016年的植被生长期NDVI的变化斜率进行了计算，并根据计算结果对研

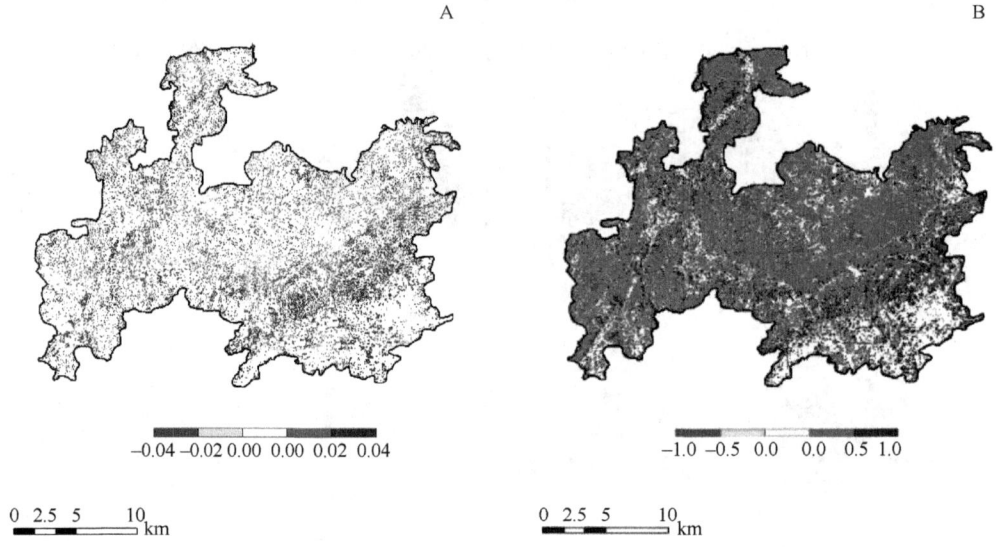

图2-12　1988～2016年百里杜鹃森林区域NDVI变化（彩图请扫封底二维码）
A. 基于Mann-Kendall法的变化斜率；B. 变化幅度

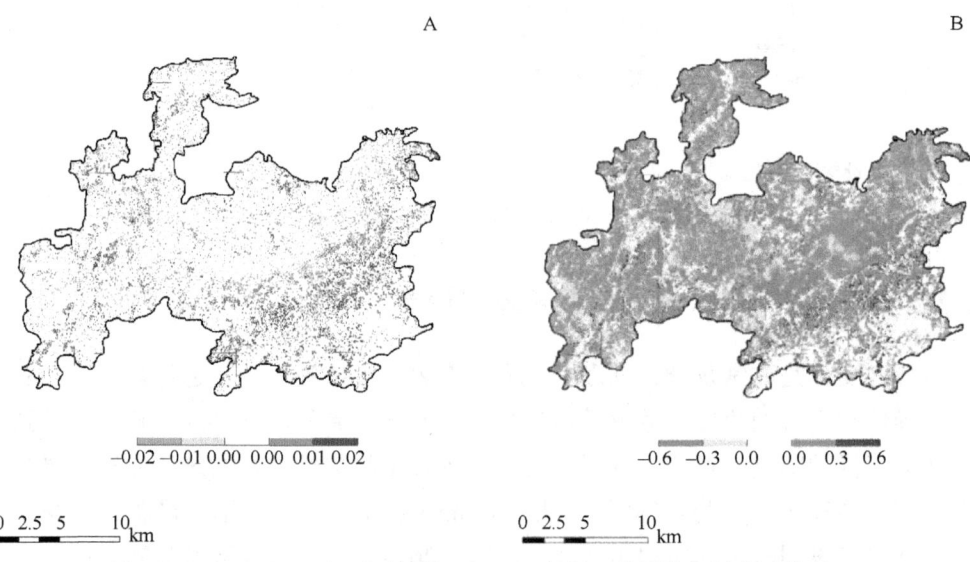

图2-13　1988～2016年百里杜鹃$NDWI_{1640}$变化（彩图请扫封底二维码）
A. 基于Mann-Kendall法的变化斜率；B. 变化幅度

究区NDVI的变化趋势进行了分析。由图2-12可知，研究区林区（包括杜鹃林、杂木林和针叶林）生长季的NDVI上升较为明显，从1988年的0.749上升至2016年的0.859，平均年增长0.0039。其中NDVI变化速率较快的区域主要集中于杂木林区域，杜鹃林的NDVI整体上略有增加，而与居民区和游览区相邻的部分区域则有所降低。

综上所述，由NDVI的变化趋势分析可知，百里杜鹃1988~2016年整体植被生长状态向好发展，杜鹃林整体有所恢复，但是局部区域受人为活动干扰较大，出现植被退化现象，这也与百里杜鹃野外实地调查的结果一致。

植被含水量是植物生长状态的重要指示因子，及时准确地监测或诊断植物的含水状况，对森林火险评估、自然群落干旱监测及植被生长状况评估具有重要意义。如图2-13所示，百里杜鹃林区冠层的生长季$NDWI_{1640}$增加较快的区域主要是百里杜鹃东南部的杂木林区域。林区冠层的平均$NDWI_{1640}$从1988年的0.241增加到2016年的0.309，呈现整体上升趋势；区内西部和北部的植被含水量有所降低。植被含水量增加较为明显的区域集中在东南部的杂木林区域；杜鹃分布区的$NDWI_{1640}$整体略有升高，局部有降低，降低区域以普底景区、金坡景区和百里杜鹃大草原区域较为明显。

分析$NDWI_{1640}$的变化趋势可知，百里杜鹃1988~2016年整体植被含水量有所上升，但是变化并不明显。冠层植被含水量降低的林地，一方面集中于受人为活动干扰较大的景区，另一方面出现在地势较高、地形开阔平坦、风力较大的百里杜鹃大草原区域。这一结论可为保护区进行森林防火、自然群落生长监测与保护等提供参考。

2.3 基于景观格局的森林动态变化遥感诊断

景观格局，主要是指构成景观生态系统或土地利用/覆盖类型的形状、比例和空间配置（郭泺和余世孝，2005；张秋菊等，2003）。目前，景观格局的研究主要集中在两个方面：景观异质性（叶功富等，2005）和景观动态研究（张玉红等，2015）。通常，区域景观格局的动态研究多采用景观指数分析来测度景观格局特征的变化。在以植被格局为基础的森林景观动态分析中，景观格局的变化会对森林生态系统内的物质循环和能量流动产生影响，制约多种生态过程，进而影响森林的演替（如斑块的大小和形状会影响种群的生存能力与抗干扰能力）（梁艳艳等，2013）。百里杜鹃的核心区与城镇居民区紧密相连，且旅游开发强度较大，因此区内景观格局受人为活动影响非常大。在此背景下，针对该区进行景观格局指数的动态分析，将有助于为保护区进一步优化景观格局规划、促进森林生态系统保护提供科学依据。

为了对研究区景观格局进行多角度评价，本研究以"百里杜鹃土地利用类型的分类提取"中获取的1992～2015年百里杜鹃土地利用图（9类）为基础，使用Fragstats4.2.1景观格局分析软件对研究区景观水平及景观类型水平上的景观格局指数进行了计算，并从景观水平异质化和景观类型水平的异质化角度对百里杜鹃的森林变化进行了遥感诊断。

2.3.1 基于景观水平的森林景观格局变化遥感诊断

Fragstats（Fragment Statistic）软件，是一款为揭示分类图的分布格局而设计、计算多种景观指数的桌面软件程序。其包含了目前常用的景观指数计算，可辅助实现包含景观水平、斑块类型水平和单个斑块三个级别的多个景观指标的计算。本研究首先利用Fragstats软件对1992～2015年百里杜鹃景观水平上的景观指数进行了计算，对整个研究区的景观格局变化进行遥感诊断（表2-5）。

表2-5 1992～2015年百里杜鹃景观水平上的景观指数

景观指数 \ 年份	1992年	1997年	2002年	2006年	2015年
景观总面积/hm²	51 139.05	51 134.11	51 147.69	51 124.23	51 132.87
斑块数量/个	6 022	6 355	6 546	6 889	8 836
斑块密度/（块/km²）	11.775 7	12.428 1	12.798 2	13.475	17.280 5
最大斑块指数	46.646 2	50.284 9	51.968 7	44.964 3	32.984
边缘密度/（m/hm²）	82.767 9	82.930 2	82.184 7	89.523 3	100.834 7
聚集度	53.037	52.938 2	53.322 9	49.272 6	42.929 2
Shannon多样性指数	1.420 4	1.398 1	1.345 5	1.506 9	1.624 6
Shannon均匀度指数	0.646 4	0.636 3	0.612 4	0.685 8	0.739 4
平均斑块面积/hm²	8.492	8.046 3	7.813 6	7.421 1	5.786 9
优势度指数	0.704 0	0.715 3	0.743 2	0.663 6	0.615 5
破碎度指数	0.117 8	0.124 3	0.128 0	0.134 8	0.172 8

从景观水平上看，斑块的数量和密度指数能够反映出景观空间结构的复杂程度及其异质性特征，与景观破碎化程度成正比（王艳芳和沈永明，2012）。如表2-5所示，1992～2015年，百里杜鹃的景观斑块数量和斑块密度不断上升，平

均斑块面积则不断下降，表明区内破碎化程度越来越严重。

景观水平的异质性可用Shannon多样性指数、Shannon均匀度指数、优势度指数和破碎度指数来表征（徐志扬等，2017）。其中，Shannon多样性指数可反映不同类型景观在空间结构、功能机制和时间动态等方面的多样化与变异性，从而反映景观异质性水平。多样性指数越高，则景观异质性程度越高。百里杜鹃景观水平上的Shannon多样性指数从1992年的1.4204上升到2015年的1.6246，表明该区景观异质性程度升高，区内景观类型更加丰富，结构趋于复杂。Shannon均匀度指数能够反映景观中斑块在空间分布中的均匀程度，越接近1时越均匀，百里杜鹃Shannon均匀度指数由0.6464升至0.7394，表明该区的整体景观均匀度有所提高。优势度指数能够反映景观中某一景观要素类型支配景观的程度，值小，表示景观由多个面积相近的斑块类型组成；值大，则表示景观只受一个或少数几个景观要素类型支配。本研究区景观水平上的优势度指数从1992年的0.7040减少至2015年的0.6155，结合前文分析，可见该区的景观类型趋于复杂化，斑块更加破碎。破碎度指数是指景观被分割的破碎程度，该指数越高，则表明景观中存在相对越严重的斑块类型交错分布，一定程度上可反映人类活动对景观格局的影响。本研究中，该指数由0.1178逐年上升至0.1728，表明百里杜鹃近年来随着人为活动干扰的增加，景观总体上呈现破碎化加剧的状态。

2.3.2 基于景观类型的百里杜鹃遥感诊断

景观类型水平上的异质性，是在对研究区各景观类别进行分类的基础上进行的分析，可以表征各景观斑块要素间的空间结构特征（杨珍珍和白淼源，2010）。本研究使用斑块类型面积、斑块密度、最大斑块指数、边缘密度、平均斑块面积和聚集度指标来描述研究区景观斑块类型的异质性变化。本研究对百里杜鹃景观类型水平上的景观格局指数进行了计算，结果分析如图2-14所示。

由图2-14可知，从景观类型水平上的不同指数变化结果来看，百里杜鹃的斑块类型中，以杂木林面积最大，其次为耕地。在斑块面积变化趋势方面，相较于1992年，2015年的杂木林和耕地斑块面积均有下降，杜鹃林、针叶林和建设用地面积显著增加。该结果表明当地建立保护区后，对区内的杜鹃资源和针叶林资源恢复起到了积极的促进作用。

斑块密度是指单位面积内各景观斑块类型的数量，表征了景观斑块的空间复杂性。本研究中，与1992年相比，2015年百里杜鹃除草地类型的斑块密度出现下降外，其他类别景观的斑块密度都出现上升。其中森林区域内，杜鹃林、针叶林

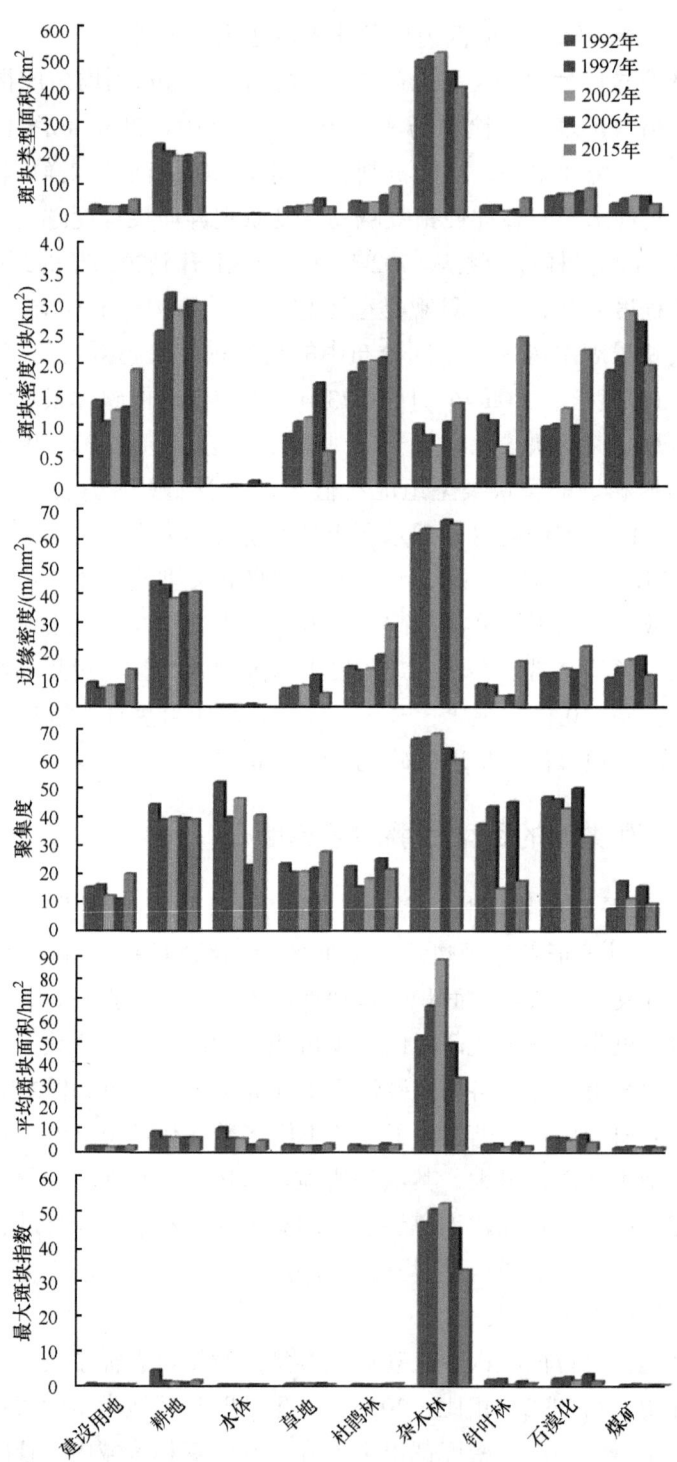

图2-14 1992～2015年百里杜鹃景观类型水平上的景观指数计算结果（彩图请扫封底二维码）

和杂木林的斑块密度都出现明显增加，尤其是杜鹃林和针叶林的变化极为明显。这是因为随着当地旅游业的发展，对杜鹃林的主要分布区进行了大量的园路和游览步道建设，其斑块趋于变小，更加破碎。而针叶林主要分布在当地的国有林场，随着林场经营管理，如造林更新、采伐等活动的影响，针叶林的斑块密度也明显增加。

边缘密度指单位面积内特定景观斑块和空间连接的异质要素间的边缘长度。该指数能够反映出不同斑块要素之间彼此物质交换、能量流动和信息传递的潜力及影响强度（宋小双等，2011）。在本研究中，从变化趋势上看，杜鹃林和针叶林的边缘密度有明显增加，杂木林也有所增加；对应的杜鹃林、针叶林和杂木林的斑块密度都呈上升趋势，表明杜鹃林、针叶林和杂木林的斑块连片化程度减弱，景观破碎度增加。

聚集度指数反映了景观中不同斑块类型的非随机性或聚集程度，即景观如果由许多离散的小斑块组成，则其聚集度较小；反之，若景观以少数大斑块为主或同一类型斑块高度连接时，则其聚集度较大（邬建国，2007）。从图2-14可见，杂木林的聚集度最高，表明其空间连接性相对较高。从变化趋势上看，杂木林、针叶林的聚集度都有所降低，表明两个类型的斑块趋于离散，这也和斑块密度变化的研究结果一致。针叶林聚集度的变化幅度较大，可能是由于林场经营管理措施所造成的变化。

最大斑块指数有助于确定优势景观类型，其值的大小决定着景观中的优势种、内部种的丰度等生态特征，其值的变化可以反映人类活动所产生干扰的强度和频率。本研究的结果表明，杂木林为百里杜鹃的优势景观类型，其最大斑块指数变化趋势为先增后减，表明该区的杂木林斑块趋于破碎化，这一结果在平均斑块面积的变化中也得到印证。杜鹃林的最大斑块指数出现了小幅升高，表明当地的杜鹃林核心群落面积有所增加。针叶林的最大斑块指数出现了明显降低，表明针叶林在人类活动干扰下趋于破碎化，这与斑块密度的研究结果一致。

综上所述，针对百里杜鹃森林景观格局变化的遥感诊断结果主要有以下两方面：一方面，与1992年相比较，百里杜鹃2015年景观水平上的Shannon多样性指数、Shannon均匀度指数、破碎度指数均升高，优势度指数下降，表明该区景观类型趋于复杂化，总体呈现景观破碎化加剧的状态。另一方面，就景观类型水平而言，百里杜鹃森林中的优势景观类型为杂木林，其面积也最大。最大斑块指数变化趋势表明，杜鹃林的核心群落面积有所增加。针叶林聚集度指数的变化趋势表明，人为活动的干扰对其景观格局变化起到主要作用。从景观类型水平的变化趋势看，杂木林、杜鹃林和针叶林的斑块连片化程度都出现下降趋势，斑块都趋于破碎化。

2.4 百里杜鹃森林动态变化驱动力分析

已有研究表明,森林变化的驱动力主要分为自然因素和社会因素。自然因素包括地形地貌、土壤、气候、水文等方面;社会因素包含人类的社会经济行为,这两方面作用并非孤立,而是相互作用、相辅相成的(岳彩荣和崔同琦,2011)。本研究分别对引起百里杜鹃区域森林变化的主要自然因素和社会因素进行了分析。

2.4.1 自然因素影响分析

百里杜鹃位于贵州省西北部毕节地区的黔西、大方两县交界处,地处低纬度、高海拔地区,气候表现为亚热带湿润气候。保护区地面河流较少,河流为山区雨源型,流程短,流域面积小。夏秋雨季河水陡涨,冬春两季少雨,河水流量小,河流山川径流主要依赖降水补给。百里杜鹃地处黔西县和大方县交界处,因此通过收集和统计国家气象地面台站黔西县站点的相关气候数据,绘制了百里杜鹃1988~2015年的年降水量(图2-15)和年均温(图2-16)示意图。

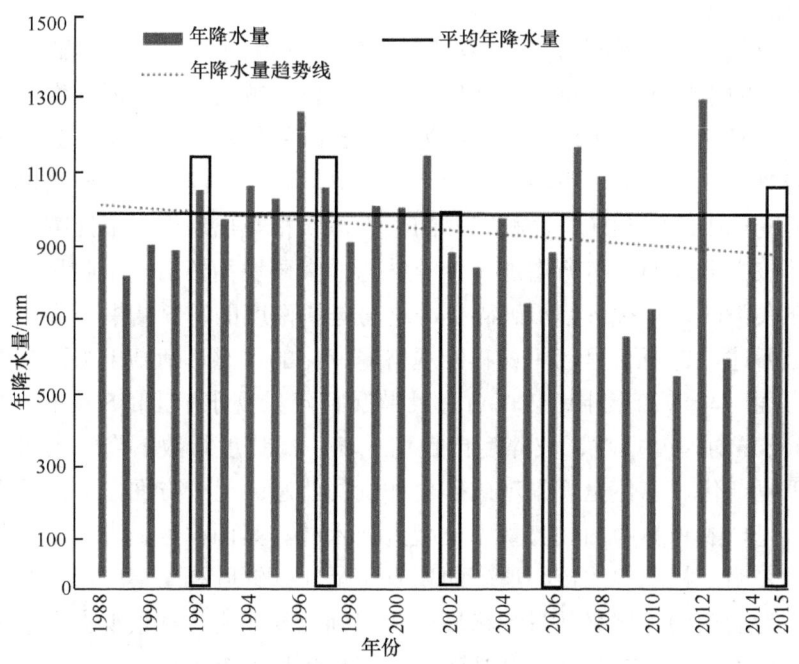

图2-15　1988~2015年百里杜鹃年降水量状况

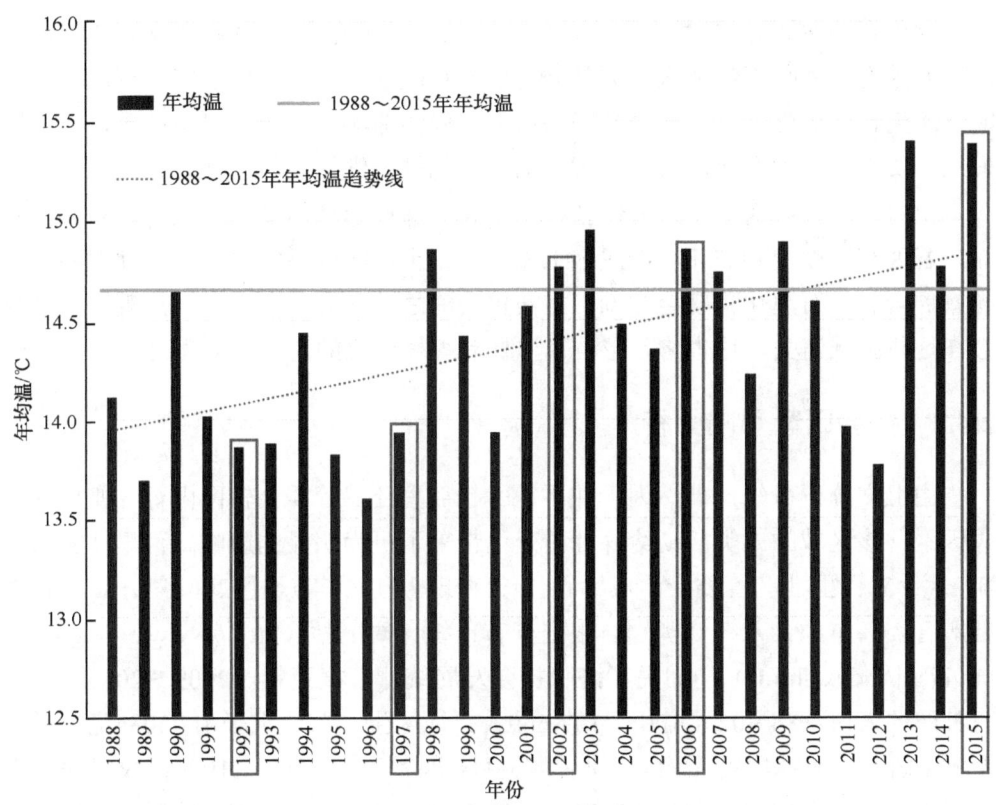

图2-16　1988~2015年百里杜鹃年均温状况

由图2-15中的年降水量分布情况可知,百里杜鹃研究区1988~2008年的年降水量较为稳定,2009~2013年波动较大。由年降水量趋势线可知,自1988年以来,百里杜鹃研究区的年降水量呈现出下降的趋势。所选的5个研究期——1992年、1997年、2002年、2006年和2015年的年降水量差异并不大。由此可见,针对本研究区多年森林动态变化的驱动力分析中,年降水量对森林变化的影响并不显著。

由图2-16可知,百里杜鹃研究区自1988年以来,年均温有明显上升趋势,1988~2000年的年均温平均为14.09℃,2001~2015年的年均温平均为14.65℃,升高了0.56℃。由于百里杜鹃位于低纬度、高海拔地区,气候表现为亚热带湿润气候,在此背景下,结合研究区的年均降水量和年均温变化情况,在降水量未发生剧烈变化的前提下,年均温在植被适宜生长温度范围内的升高,可对当地植被的生长起到促进作用,不过与此同时,气温的升高也会一定程度上提高当地植被的病虫害发生率。

此外，研究区的代表性植被为杜鹃灌丛，是典型的酸性土壤植被类型，然而研究区为典型喀斯特地区，大部分岩层都是碳酸盐岩。之所以能够形成适宜杜鹃群落生长的酸性土壤，主要是因为该区气候温凉湿润，土层淋溶严重，可溶性碱性物质大部分被淋溶，只剩下大量的二氧化硅及铁铝物质。加之该区成土过程长，土壤层厚，因而发育成为适宜杜鹃生长的酸性土环境（刘振业，1987）。然而，若现有植被遭到破坏，造成水土流失，则土层将很快被冲刷掉，地面将成为裸露的岩石，石漠化程度会加剧，植被也会随之演变为石灰岩灌丛景观，杜鹃将会在这些区域消失，这也将是影响百里杜鹃森林变化的潜在驱动力之一。

2.4.2 社会因素影响分析

由上文分析可知，自然因素并不是引起百里杜鹃管委会辖区内森林变化的主导因素，该区域的人类活动给森林的变化带来了更为明显的影响。百里杜鹃2007年7月设立百里杜鹃管委会，成为正县级派出机构，毕节地区2008年开始将百里杜鹃管委会单独计入统计类别。根据毕节市统计局网站（http://www.bijie.gov.cn/bm/bjstjj/index.shtml）的国民经济和社会发展统计公报资料，2009~2015年，百里杜鹃的人口从84 402人增加至107 669人；地区生产总值水平由7.5034亿元增加至25.6亿元；城镇居民人均可支配收入由11 847元上升至24 119元；农村居民人均可支配收入由2800元上升至7775元。急速的人口增长和城市化发展，必然伴随着巨大的环境资源需求，木材的砍伐、地下水的开采等给当地环境带来了巨大的压力。

通过对当地的走访调查，以及查阅相关地方资料可知，百里杜鹃当地居民传统经济收入主要来源为种植烤烟、矿产开采、外出打工和养殖业。在2002年以前，当地居民经常砍伐杜鹃枝条作为日常所需燃料，或制作生活所需木制品，对当地的杜鹃林破坏较大。百里杜鹃管委会成立初期，随着区内旅游资源开发力度的不断加大，游人的增多对当地的杜鹃资源造成了极大压力。随着区内园路的大量扩建，杜鹃林区域的景观破碎度提高，斑块面积缩小。部分杜鹃林资源由于受游人活动影响，其生长受到极大影响。当地依托特色杜鹃资源，每年开办杜鹃花节系列活动，仅2016年百里杜鹃景区的游客接待量就达到218.28万人次，旅游业呈现"井喷式"的发展。旅游业的高速发展虽然带动了当地经济的发展，但大量的人为活动干扰也对当地的森林生态系统产生了极大的压力，带来了严重的影响。

另外，当地政府也为保护和恢复森林资源尤其是特色杜鹃资源开展了大量工作：2002年后，毕节地区开始全面实施"退耕还林""封山育林"，并逐步对区内的小煤窑进行取缔和关闭。此后，百里杜鹃的森林资源尤其是杜鹃资源开始得到有序恢复。百里杜鹃森林覆盖率，也由2009年的40.03%上升至2016年的62.85%。随着百里杜鹃管委会"旅游统揽、全域打造、全时延伸、实干升级"思路的贯彻和实施，保护区在提升旅游管理水平的同时，更加注重生态环境，尤其是注重对特色杜鹃资源的保护，也促进了当地杜鹃群落的恢复和森林生态系统的保护。

2.4.3 森林动态变化遥感诊断结果综合评价

综合前文3个不同层面的森林动态变化遥感诊断研究结果，我们对百里杜鹃的森林动态变化进行了综合评价，总结其森林变化的特征为总体恢复，局部退化；森林变化的主要驱动因素为人为活动干扰；森林变化的主要特点表现为以下几方面。

首先，分析土地利用变化可知，百里杜鹃的森林面积在1992～2015年呈现出"上升—下降—上升"的变化趋势。其中，1992～2002年，得益于"长防林"工程的实施，区内森林面积出现明显增加。2002～2006年，受当地经济发展和人为活动干扰，尤其是非法小煤矿的泛滥，区内森林面积大幅减少。2006～2015年，随着百里杜鹃管委会的成立，"退耕还林"和"封山育林"政策的实施，研究区内森林面积有所增加，然而当地飞速发展的旅游业也对森林资源造成了极大的压力，全区森林面积表现为稳中有升。以2006～2015年土地利用变化为参照，使用CA-Markov模型对研究区森林面积变化进行预测，则百里杜鹃2024年的森林面积将会出现明显减少，与之相对，经济发展和人口增加所需的建设用地与耕地面积则明显增多。

其次，分析植被指数变化可知，与1992年相比，2015年百里杜鹃森林的各指数都有明显提升，表明该区森林资源得到了有效保护和恢复，尤其是杜鹃林的生长状况有了明显的提升。然而，在部分受人为活动影响剧烈的区域，如游客集中赏花的普底景区、金坡景区及游客休闲踏青的百里杜鹃大草原区域和靠近银都煤矿的部分区域，森林出现了明显的退化现象。

最后，分析景观格局指数变化可知，相比1992年，百里杜鹃2015年的总体景观格局趋于复杂化、破碎化。森林景观类型中，杂木林、杜鹃林和针叶林均表现为斑块连片化程度下降，趋于破碎化。

评估森林的动态变化，目的是能够更好地对森林资源进行保护，实现对森林资源的可持续经营管理，满足社会发展对森林产品和服务功能的需求。由森林变化遥感诊断预测结果可知，未来百里杜鹃森林保护将面临十分艰巨的任务。根据百里杜鹃的森林变化特点及当地的实际情况，建议从以下几个方面对该区森林加强保护：管理部门尽可能地平衡经济发展与环境保护的关系，合理规划当地旅游业的发展，避免过快发展造成的森林资源过度消耗；加强对人为活动干扰剧烈区域杜鹃资源的保护与恢复，尤其是游客量较大的普底景区、金坡景区和百里杜鹃大草原区域；加强科普宣教力度，提升公众森林保护意识，尤其在游客较多的花期，尽量减少游客游览时对环境造成的破坏；继续实施林业建设工程，局部石漠化严重的地区应及时进行人为干预，进行石漠化防治和植被恢复，避免进一步的水土流失；结合新技术和新方法，建立森林监测体系，加强区内林业经营管理力度，促进区内森林的可持续发展。

2.5 本章小结

本章基于SVM方法提取的1992～2015年土地利用分类图，从土地利用、植被指数及景观格局3个层面对百里杜鹃森林动态变化进行了遥感诊断，从不同角度对其森林变化趋势和特点进行了分析，并基于CA-Markov模型对2024年的百里杜鹃森林变化做了预测，同时结合气象数据、实测数据和当地相关调查数据对森林变化的驱动力进行了分析。经遥感诊断研究发现，百里杜鹃森林呈现总体恢复、局部退化的特征；人类活动的影响将是引起该区森林变化的主要原因。依据研究结果，可为当地管理部门提供一些森林保护和恢复的建议。

第3章 贵州百里杜鹃森林土壤化学生态学

　　森林土壤有机碳是森林可持续发展中主要的养分限制因子之一，糖类物质是土壤有机碳的主要组成部分。针对森林土壤的研究，前人对凋落物层的关注较多，涉及凋落物分解的研究方法、分解过程及影响因子等（李正才等，2008；王相娥等，2009；刘明国等，2010），但对森林土壤中糖类物质研究的关注较少。森林有机残体除一部分被直接分解外，还有一部分属于腐殖质的糖类化合物参与分解（李凤珍等，1989），干湿交替环境有利于土壤中氨基葡萄糖和氨基半乳糖的积累（韩永娇等，2012）。鉴于森林土壤中糖类物质的重要性，分析不同森林群落土壤层糖类物质的分布规律及与其他理化指标的相关性显得尤为重要。

　　化感作用（allelopathy）是影响森林天然更新的重要因子，植物群落天然更新与其化感作用存在密切联系（Duke，2003；Zhang et al.，2015），土壤层中的化感物质对土壤环境和林木生长具有重要影响（Bais et al.，2006）。植物通过化感作用对其他植物（包括同一物种的其他个体）产生作用，增强本物种对其他物种的竞争力或自身对其他个体的竞争力，具有调节种群结构的作用（Rice，1979；Inderjit et al.，2011）。植物之间的化感作用是当前化学生态学研究的热点，它通过向环境中释放化学物质，从而促进或抑制林冠层下及周围植物的生长和发育（Zeng et al.，2008；Kong et al.，2010；Blum，2011；Lorenzo et al.，2011）。

　　在野生杜鹃群落的化感作用研究中，美国杜鹃（*Rhododendron maximum*）的土壤化感物质抑制幼苗生长（Day et al.，1988），其枯枝落叶浸提液对种子萌发、幼苗根生长有抑制作用（Nilsen et al.，1999）；台湾杜鹃（*Rhododendron formosanum*）对土壤微生物具有化感作用（Chou et al.，2010；Wang et al.，2013）。化感作用在其他植物群落中也有相应的表现，由于优势树种产生的化感物质不断积累，林下植被的生长受到影响（Loydi et al.，2014；Smith and Reynolds，2014；Kimura et al.，2015）。周艳等（2015）发现杜鹃枯枝落叶浸提液对种子萌发和幼苗生长具有抑制作用，李朝婵等（2015）分析探讨了杜鹃群落林内气体中的化感物质成分。在百里杜鹃国家森林公园内，野生杜鹃群落内有性繁殖及天然更新均出现严重障碍，幼龄种群缺失严重，对可持续发展形成巨大的障碍（李朝婵等，2015；乙引等，2016；Fu et al.，2019；Tang et al.，2019）。因此，如何通过深入研究化感作用对群落天然更新的影响，采取人为措施降低化感作用的干扰，促进群落内的实生苗更新，是一个亟待研究的课题。

本章通过对贵州百里杜鹃不同群落的不同土壤层糖类物质和理化指标的分析，探讨了森林土壤中糖类物质和理化指标的累积及垂直分布特征。深入分析群落土壤中的化感物质，探明并比较不同土壤层浸提液的化学组成及含量差异，从机制上研究野生杜鹃的化感作用，揭示化感作用在群落中的自然化学调控机制，明确群落天然更新障碍问题，在理论上和实践上都具有重要的参考价值及科学意义。

3.1 森林天然更新障碍的化学生态学

3.1.1 化感作用与森林天然更新

生态系统中的植物通过化感作用获得更多更大比例的资源（Reigosa and Gonzalez，2006），在特定环境中化感作用不仅能影响同种或异种植物的种子萌发、植株生长等，也是影响森林天然更新的重要因子。植物的生态适应机制是在进化过程中获得的，化感作用是森林群落演替和天然更新的重要化学手段，包括外来植物入侵、植株再生、植物间的化学信息交流、抑制林下幼苗的萌发与生长、改变土壤理化性质和生物学特性（Hierro and Callaway，2003）。植物通过化感物质累积影响自身及邻近植物的生长，从而影响群落更新，尤其是影响逆境条件下的下层植物（孔垂华，2007；孙庆花等，2016；Harris et al.，2003；Zeng，2014）。在研究区内，野生杜鹃群落结构、动态和更新对森林生态系统的稳定、演替起着十分重要的作用。

近年来，对生态系统化感作用的研究已成为国际研究的热点课题。科学家不断拓展了化感作用的内涵（Rice et al.，1993；Meiners et al.，2012；Uddin et al.，2012）。化感物质影响林冠下幼苗生长，可以控制杂草生长和物种组成，对群落更新有直接影响（Kato-Noguchi et al.，2017）。土壤中的长链脂肪酸类、有机酸类和醇类物质均属于化感物质，其中酚酸物质在较低浓度下即具有较强的化感作用潜力。化感作用在自然界存在复杂性，尽可能模仿自然界的条件可以使研究结果更具有生态学意义。

3.1.2 化感物质的释放途径与土壤微生物的相互作用

化感物质被释放到环境中主要有以下几个途径：雨雾淋溶、自然挥发、根系分泌与枯枝落叶分解、植株分解、种子萌发与花粉传播等（Ahmed et al.，2008；

Zhang et al.，2010；Lorenzo et al.，2011）。土壤层对种子萌发和早期幼苗的建立有重要的影响（陈娟等，2014；Li et al.，2010）。国内外专家对植物群落内的枯枝落叶层（L层）进行了较多的研究，研究认为较厚的L层对种子萌发、幼苗生长产生抑制，从而影响天然更新，L层是化感物质的主要来源（Ahmed et al.，2008；Watanabe et al.，2013）。也有学者关注腐殖质层和植物根际土壤的化感作用，提取并鉴定了其物质成分，认为根际土壤是植物分泌物产生化感作用的主要载体（Yang et al.，2010；González-Pérez et al.，2011）。因此，在植物化感效应评价中，有必要进行全面的研究来解析特定群落的化感物质来源。

土壤是化感作用的重要载体，土壤微生物与化感作用密切相关。土壤微生物是化感效应重要的决定因素之一，目前多数生物入侵的化感作用研究没有考虑土壤微生物所起的作用。一方面，土壤微生物可逐渐适应和降解植物释放的化感物质并缓解其化感作用（Zeng and Mallik，2006；Li et al.，2015），植物根部渗出液可为土壤微生物提供碳源和氮源，同时土壤微生物有助于提高植物的抗性（Zuo et al.，2014），因此从植物根际土壤中筛选抑制性土壤微生物是一个可行的研究思路（张奇等，2015）。另一方面，植物通过释放化感物质到土壤中，直接破坏"植物-土壤微生物"共生系统而成为入侵种，入侵植物释放的化感物质通过与土壤微生物的相互作用来抑制本土植物生长（王亚男等，2017；Portales-Reyes et al.，2015）。因此，在检测和评价植物化感效应的研究中，考虑土壤微生物对化感效应的影响是非常必要的。

3.1.3 化感物质的来源及作用

植物群落内的枯枝落叶层和土壤层对种子萌发与早期幼苗的建立产生了重要影响，植物也通过挥发性化感物质的释放量来增强防御与传递信号（Li et al.，2010）。国内外专家对植物群落内的草本层、枯枝落叶层、腐殖质层和根际土壤的化感作用进行了研究，认为化感物质在植物群落的演替中起着重要的驱动作用（雷日平等，2001；Yang et al.，2010）。当群落中的化感物质累积到一定程度就会影响自身及其他植物的生长，进而影响群落更新（Souto et al.，2001；Harris et al.，2003）。目前，研究区内野生杜鹃群落出现严重的天然更新障碍，最终导致幼龄种群缺失严重，可能对可持续发展造成巨大的障碍。同时，较厚的枯枝落叶层和腐殖质层对种子进入土壤起着物理阻碍作用。

化感物质可以影响森林冠层下的幼苗生长和物种组成，对群落更新有直接影响（Mallik，2007）。研究土壤特征有助于认识植物群落中养分的循环规律，森林土壤中的化感物质如何协同土壤特征（养分、温度、水分等）对种子萌发起到抑制作用，有待进一步的研究。

3.2 杜鹃群落林下土壤理化性质

3.2.1 杜鹃群落林下土壤理化指标

对不同土壤层次土壤有机碳、总氮、总磷、总钾含量进行分析（图3-1A～D）。

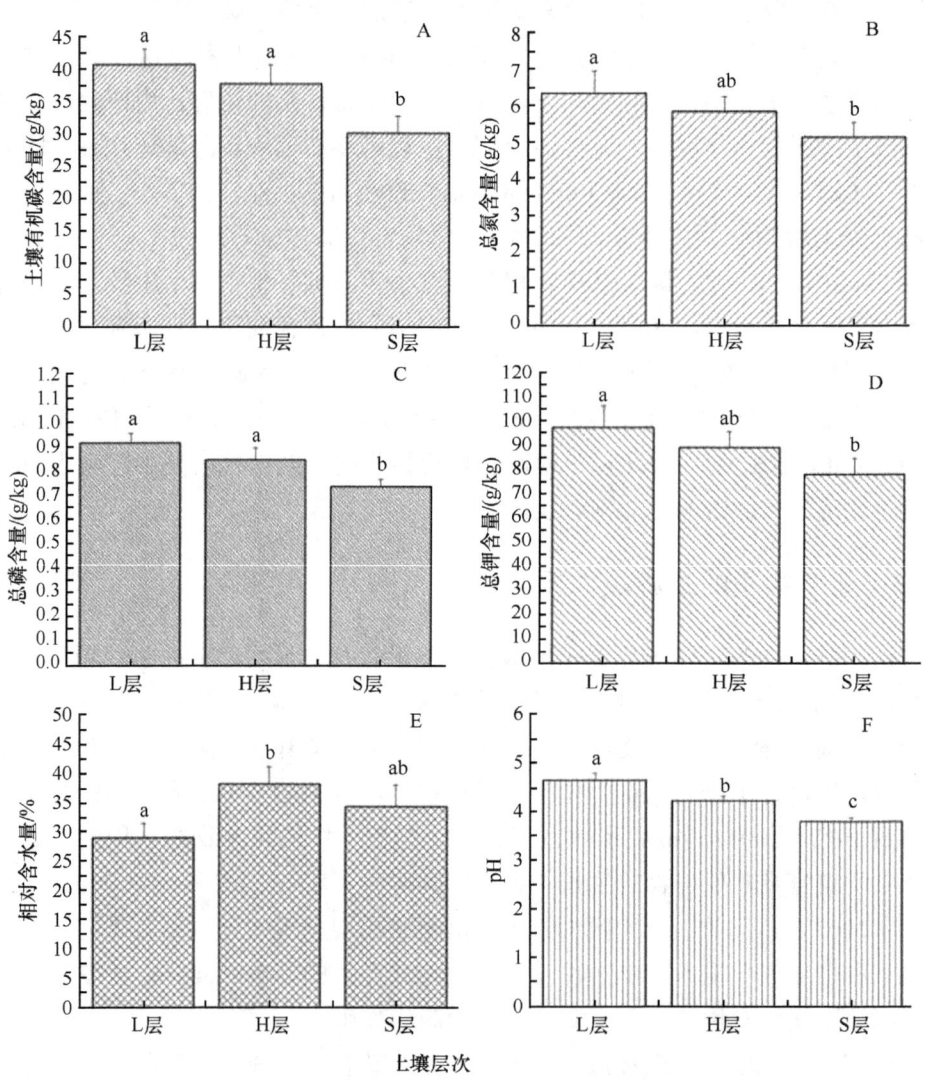

图3-1 杜鹃林下各土壤层次理化特征及变化

L层、H层和S层分别表示枯枝落叶层、腐殖质层和土壤层；图中不同小写字母表示在$P<0.05$水平下差异显著

从图3-1可以看出，随土壤深度的增加，土壤有机碳、总氮、总磷、总钾含量表现出相同的变化规律，即随土壤深度增加而含量递减。其中各个土壤层次的有机碳、总磷差异显著，枯枝落叶层与土壤层的总氮、总钾差异显著。不同土壤层次相对含水量随土壤深度的增加呈先升高后降低的趋势，腐殖质层的相对含水量最高（图3-1E）。土壤pH随土壤深度增加而减小，各个土壤层次间差异极显著（图3-1F）。

3.2.2 杜鹃群落林下不同土壤层次糖类物质的鉴定

经过色谱分离，结合标准质谱库及前人研究经验鉴定并确定了5种主要的糖类物质，其分析结果见表3-1。从鉴定的5种糖类物质来看，与Nist 08和Willy 08库相比，其匹配度均超过86%以上，平均匹配度为92.6%，而超过90%以上的化合物有4个，表明所鉴定的化合物结构具有准确可靠性。从定量相对标准偏差来看，5种糖类物质的相对标准偏差在8.9%～10.3%，平均值为9.6%，说明该方法的稳定性较好，适合于不同土壤层次糖类物质的比较分析。

表3-1 不同土壤层次主要糖类物质的定性与定量结果

序号	化合物名称	含量/（ng/g）		
		枯枝落叶层	腐殖质层	土壤层
1	D-果糖	17.46±0.71A	13.62±0.55B	2.37±0.21C
2	D-甘露糖	7.98±0.05A	3.93±0.10B	1.70±0.16C
3	D-半乳糖	11.58±0.04A	3.64±0.02B	1.09±0.12C
4	D-葡萄糖	166.46±15.32A	74.03±2.48B	127.74±10.10C
5	蔗糖	40.39±2.77A	32.70±1.53B	11.82±1.22C

注：表中同行不同字母表示各土壤层间的差异显著性，大写字母表示$P<0.01$

从杜鹃林枯枝落叶层、腐殖质层和土壤层中鉴定出的5种糖类物质含量均达到极显著差异，说明杜鹃林下不同土壤层次糖类物质组成具有明显差异。其中，D-葡萄糖含量最高，枯枝落叶层、腐殖质层、土壤层含量分别为166.46ng/g、74.03ng/g、127.74ng/g。D-果糖、D-甘露糖、D-半乳糖和蔗糖含量从凋落物的枯枝落叶层到土壤层相对积累逐步减少，表现为枯枝落叶层＞腐殖质层＞土壤层，即随着枯枝落叶层的分解和腐殖化程度的加深4种糖类物质含量逐渐降低。但D-葡萄糖含量从枯枝落叶层到土壤层相对积累表现为先减少后增加的趋势。土壤中糖类物质含量具有明显的垂直分布特征，均随土壤深度的增加而显著下降。

3.2.3 不同土壤层次糖类物质的组成比例

从各土壤层次糖类物质组成比例来看，糖类物质的组成没有显著差异，D-葡萄糖是各层的主要组分，其中以S层所占比例最高，接近90%（图3-2）；其次是蔗糖，以腐殖质层所占比例最高，约为25%；D-果糖所占比例随着土壤层次的加深表现为先升高后降低的趋势；D-甘露糖、D-半乳糖所占比例随着土壤层次的加深表现为逐渐降低的趋势。

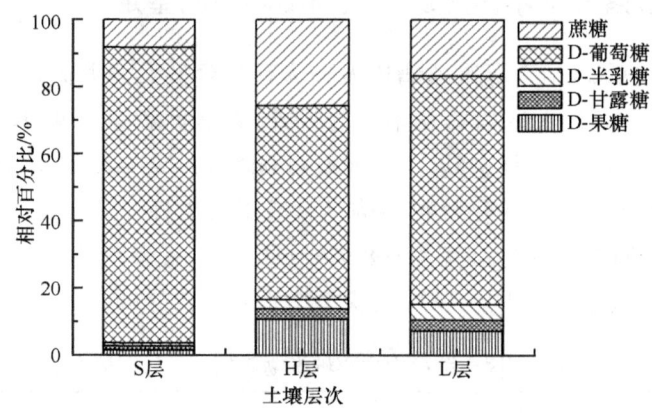

图3-2 杜鹃林下土壤层次糖类物质组成比例

L层、H层和S层分别表示枯枝落叶层、腐殖质层和土壤层

3.2.4 不同土壤层次糖类物质的聚类分析

分别对杜鹃林下枯枝落叶层、腐殖质层和土壤层中的糖类物质含量进行多元统计，采用Z-Score标准化方法通过R软件进行聚类分析。结果显示，从横轴来看，3个土壤层次具有较为明显的区别，其中S层与其他两个层次区别较为明显，充分表明这些糖类物质之间具有差异性。从纵轴来看，3个不同土壤层次糖类物质差异更为显著，糖类物质的聚类结果显示，3个土壤层次中D-葡萄糖对三种类型的区分具有最大贡献，其次为蔗糖、D-果糖，这3种糖类物质是区分杜鹃林土壤层次差异的主要组分（图3-3）。

由百里杜鹃国家森林公园内土壤理化指标间的相关关系可知，杜鹃林下土壤理化指标之间存在密切的相关关系（表3-2）。其中，D-果糖与蔗糖呈显著正相关。土壤有机碳与D-果糖和蔗糖呈显著正相关。土壤总氮与总磷呈显著正相关，与总钾极呈显著正相关。总钾与总磷、pH呈显著正相关。其中土壤相对含水量与各个土壤理化指标均存在一定的负相关关系，但并未达到显著水平。

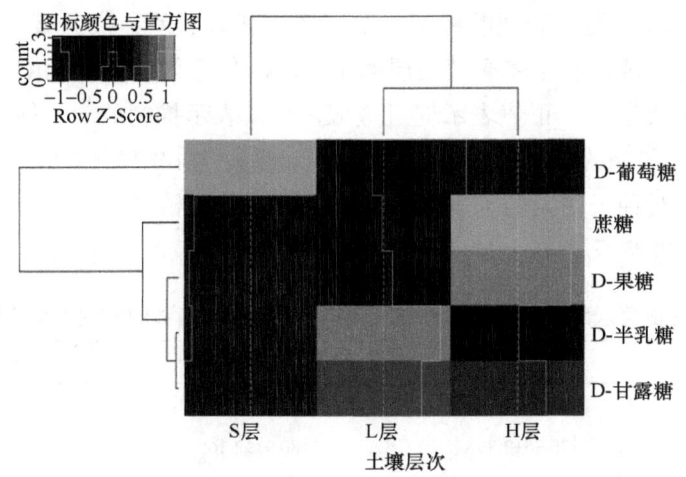

图3-3　杜鹃林下土壤层次糖类物质的聚类热图（彩图请扫封底二维码）

L层、H层和S层分别表示枯枝落叶层、腐殖质层和土壤层

表3-2　杜鹃林下土壤理化指标间的相关关系

	D-甘露糖	D-半乳糖	D-葡萄糖	蔗糖	土壤有机碳	总氮	总磷	总钾	相对含水量	pH
D-果糖	0.904	0.845	0.153	1.000*	0.999*	0.982	0.989	0.981	-0.336	0.964
D-甘露糖		0.992	0.561	0.911	0.917	0.968	0.957	0.969	-0.706	0.985
D-半乳糖			0.658	0.853	0.861	0.931	0.915	0.932	-0.788	0.957
D-葡萄糖				0.169	0.185	0.337	0.298	0.340	-0.982	0.411
蔗糖					1.000*	0.985	0.991	0.984	-0.351	0.968
土壤有机碳						0.988	0.993	0.987	-0.365	0.972
总氮							0.999*	1.000**	-0.507	0.997
总磷								0.999*	-0.472	0.993
总钾									-0.510	0.997*
相对含水量										-0.574

**在0.01水平（双侧）上极显著相关；*在0.05水平（双侧）上显著相关

3.3　露珠杜鹃土壤化感效应评价

3.3.1　不同土壤层次浸提液对露珠杜鹃种子萌发的化感效应

如表3-3所示，10d时，枯枝落叶层和腐殖质层浸提液处理的种子的发芽率与其对照差异极显著（$P<0.01$），表现为抑制种子萌发。30d时，枯枝落叶层、腐

殖质层和土壤层浸提液处理的种子的发芽率与其对照差异极显著（$P<0.01$），发芽率依次是枯枝落叶层＜腐殖质层＜土壤层。化感效应指数（RI）是衡量化感作用强度的重要指标，正值表示促进效应，负值表示抑制效应。枯枝落叶层、腐殖质层和土壤层30d的化感效应指数分别为-0.385、-0.148和-0.086，随着土壤深度的增加浸提液对种子萌发的抑制作用逐渐减弱，其中枯枝落叶层与腐殖质层、土壤层相比差异极显著。

表3-3 不同土壤层次浸提液对杜鹃种子发芽率和化感效应指数的影响（平均值±标准差）

处理	10d 发芽率 /%	30d 发芽率 /%	30d 化感效应指数
对照	68.00±3.61A	88.62±3.77A	0A
土壤层	70.36±2.80A	80.93±2.16B	-0.086±0.021B
腐殖质层	48.19±2.67B	75.41±2.22B	-0.148±0.036B
枯枝落叶层	31.33±3.21C	54.51±2.57C	-0.385±0.029C

注：同一列不同字母表示差异极显著，显著水平为0.01

3.3.2 不同土壤层次浸提液的化感物质鉴定与分析

将3个土壤层次浸提液的气相色谱总离子流结合质谱库及前人研究，鉴定和确定化感物质成分。从杜鹃枯枝落叶层、腐殖质层和土壤层中鉴定出的化感物质共有31种（表3-4），主要为长链脂肪酸类、有机酸类、醇类、生物碱类、酚酸类、氨基酸类等六大类物质。其中，枯枝落叶层主要有机物（含量超过

表3-4 不同土壤层次浸提液的主要化感物质成分

序号	化合物名称	含量/（ng/g）		
		枯枝落叶层	腐殖质层	土壤层
1	2-羟基丙酸	8.06±0.22A	110.57±9.88C	30.66±2.97B
2	2-羟基乙酸	67.30±3.89A	48.65±7.29B	51.85±2.93B
3	丙三醇	180.06±1.37A	56.32±8.37B	20.65±1.06C
4	3-吡啶甲酸	17.62±2.01A	41.40±5.89B	9.16±0.19C
5	苯乙酸	4.19±0.39A	2.98±0.23B	1.92±0.13C
6	丁二酸	0.31±0.01A	5.06±0.59C	1.21±0.06B
7	2,3-二羟基丙酸	0.98±0.02A	4.99±0.43C	1.40±0.10B
8	2,2'-联吡啶	67.15±1.34A	87.37±5.03B	51.42±4.67C
9	苹果酸	2.83±0.10A	5.61±0.85B	1.54±0.12C
10	脯氨酸	0.35±0.06A	25.01±3.83B	15.13±2.05C
11	2,3'-联吡啶	32.27±3.09A	61.03±1.14B	28.18±2.13A

续表

序号	化合物名称	含量/(ng/g)		
		枯枝落叶层	腐殖质层	土壤层
12	2,4′-联吡啶	24.03±1.34A	50.61±0.61B	20.33±0.45C
13	3-羟基苯甲酸	1.22±0.17A	1.12±0.13A	0.40±0.06B
14	2,3,4-三羟基丁酸	0.84±0.19A	1.28±0.30A	0.20±0.03B
15	4-羟基苯甲酸	2.33±0.29A	3.04±0.19B	1.51±0.07C
16	4-羟基苯乙酸	0.71±0.03A	0.69±0.10A	0.17±0.03B
17	对苯二酸	36.37±5.80A	25.34±2.30B	19.03±0.16C
18	3,4-二羟基苯甲酸	12.01±0.17A	9.43±1.31B	4.70±0.41C
19	肉豆蔻酸	11.35±1.69A	9.46±1.19A	4.53±0.50B
20	正十五酸	4.10±0.32A	6.57±0.87B	2.60±0.25A
21	棕榈酸	176.46±11.87A	98.20±11.35B	60.46±7.66C
22	肌醇	87.64±14.15A	36.54±4.32B	8.97±0.79C
23	甘露醇	5.55±0.68A	19.34±2.33B	2.25±0.34C
24	亚油酸	27.39±2.77A	3.19±0.38B	0.99±0.18C
25	油酸	30.58±0.83A	9.44±1.09B	4.89±0.59C
26	α-亚麻酸	3.43±0.72A	3.66±0.53A	1.82±0.18B
27	硬脂酸	60.49±4.31A	32.12±4.12B	22.00±2.83C
28	正二十醇	2.57±0.58A	3.09±0.49A	4.58±0.39B
29	正二十酸	18.44±0.53A	5.13±0.71B	5.06±0.52B
30	正二十二醇	11.42±0.99A	11.26±1.42A	18.46±1.97B
31	正二十二酸	22.41±2.86A	8.22±0.91B	9.33±1.20B

注：表中同行不同字母表示各土壤层次间的差异显著性，大写字母表示 $P<0.01$

5%）有丙三醇（19.56%）、棕榈酸（19.17%）、肌醇（9.52%）、2-羟基乙酸（7.31%）、2,2′-联吡啶（7.30%）、硬脂酸（6.57%）。腐殖质层主要有机物有2-羟基丙酸（14.05%）、棕榈酸（12.48%）、2,2′-联吡啶（11.11%）、2,3′-联吡啶（7.76%）、丙三醇（7.16%）、2,4′-联吡啶（6.43%）、2-羟基乙酸（6.18%）和3-吡啶甲酸（5.26%）。土壤层主要有机物有8种，分别为棕榈酸（14.91%）、2-羟基乙酸（12.79%）、2,2′-联吡啶（12.68%）、2-羟基丙酸（7.56%）、2,3′-联吡啶（6.95%）、硬脂酸（5.43%）、丙三醇（5.26%）和2,4′-联吡啶（5.01%）。以上内容说明了杜鹃林下不同土壤层次主要化感物质组成具有明显差异。

3.3.3 不同土壤层次浸提液的化感物质类别

通过气相色谱-质谱（GC-MS）分析，从杜鹃群落的枯枝落叶层、腐殖质层和土壤层中均鉴定到长链脂肪酸类（9种）、有机酸类（7种）、醇类（5种）、生物碱类（3种）、酚酸类（6种）和氨基酸类（1种）等六大类化感物质（表3-5）。其中，长链脂肪酸类、有机酸类和生物碱类是腐殖质层与土壤层主要的化感物质种类，长链脂肪酸类和醇类是枯枝落叶层主要的化感物质种类。枯枝落叶层、腐殖质层和土壤层化感物质含量分别为920.44ng/g、786.70ng/g和404.60ng/g，表现为枯枝落叶层＞腐殖质层＞土壤层，除有机酸类、生物碱类的枯枝落叶层和土壤层无极显著差异外，其他各层次间化感物质组分相比差异极显著（表3-5）。随着土壤深度的增加，长链脂肪酸类、醇类和酚酸类物质含量呈逐渐降低趋势；有机酸类、生物碱类和氨基酸类在腐殖质层形成累积，含量在腐殖质层最高。

表3-5 不同土壤层次化感物质组分的含量

组分	枯枝落叶层		腐殖质层		土壤层	
	含量/（ng/g）	占总量百分比/%	含量/（ng/g）	占总量百分比/%	含量/（ng/g）	占总量百分比/%
长链脂肪酸类	354.64±25.90A	38.54±1.32	175.98±21.14B	22.37±1.03	110.90±13.90C	27.41±2.65
有机酸类	97.93±6.44A	10.64±0.35	217.55±25.22B	27.65±1.18	96.02±6.38A	23.73±1.50
醇类	287.25±17.76A	31.20±1.63	126.55±16.93B	16.04±0.99	54.91±4.55C	13.57±1.30
生物碱类	123.46±14.77A	13.42±0.66	199.01±6.78B	25.30±2.58	99.92±6.24A	24.70±1.19
酚酸类	56.81±6.84A	6.17±0.62	42.60±4.06B	5.41±0.44	27.72±0.85C	6.85±0.32
氨基酸类	0.35±0.06A	0.04±0.01	25.01±3.83B	3.18±0.71	15.13±2.05C	3.74±0.74
合计	920.44±10.05A	100.00	786.70±57.11B	100.00	404.60±27.05C	100.00

注：长链脂肪酸类序号为19，20，21，24，25，26，27，29，31；有机酸类序号为1，2，4，6，7，9，14；醇类序号为3，22，23，28，30；生物碱类序号为8，11，12；酚酸类序号为5，13，15，16，17，18；氨基酸类序号为10。表中同行不同字母表示各土壤层次间的差异显著性，大写字母表示$P<0.01$；表中数据由于修约保留两位小数，加和可能不是100%

按照表3-5组分划分，各组分数据采用Z-Score标准化后，调取R软件的gplots程序包，生成聚类热图（图3-4）。热图纵向各个分解层的聚类树显示，各个分解层可以分为两类：第一类为露珠杜鹃的枯枝落叶层，主要特征是长链脂肪酸类、醇类含量明显高于平均值；第二类为露珠杜鹃的腐殖质层和土壤层，主要特征是氨基酸明显高于平均值，长链脂肪酸类、醇类含量明显低于平均值。横向各组分的聚类树显示，各土壤层次的化感物质可以分为三类：第一类为长链脂肪酸类和醇类，主要特征是枯枝落叶层＞腐殖质层＞土壤层；第二类为生物碱类和有机酸类，主要特征是各层的含量土壤层最高；其他化感物质归为第三类（图3-4）。

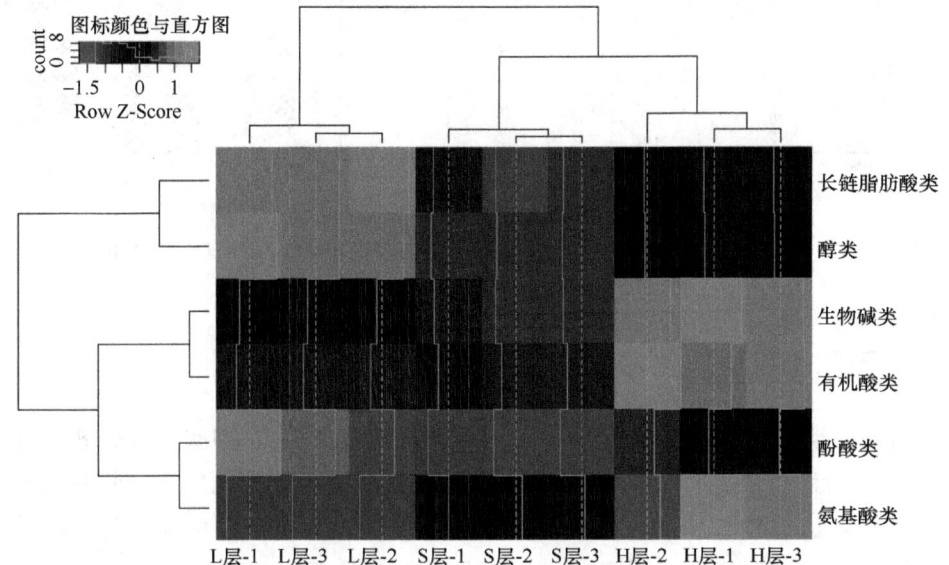

图3-4 不同土壤层次各化感物质组分的聚类热图（彩图请扫封底二维码）

数字1、2、3分别为3个样地的编号

3.4 迷人杜鹃土壤化感效应评价

3.4.1 不同土壤层次浸提液对迷人杜鹃种子萌发的化感效应

由图3-5可知，7d枯枝落叶层、腐殖质层浸提液处理的种子的发芽率与对照差异极显著（$P<0.01$），30d枯枝落叶层、腐殖质层和土壤层浸提液处理的种子的发芽率与对照差异极显著；迷人杜鹃的发芽率依次是枯枝落叶层＜腐殖质层＜土壤层。

3个土壤层次浸提液30d处理的化感效应指数均为负值，其中腐殖质层、土壤层浸提液与枯枝落叶层相比差异极显著，说明迷人杜鹃种子在不同浸提液处理后受到不同程度的抑制作用，其中枯枝落叶层的抑制作用最强（图3-5B）。

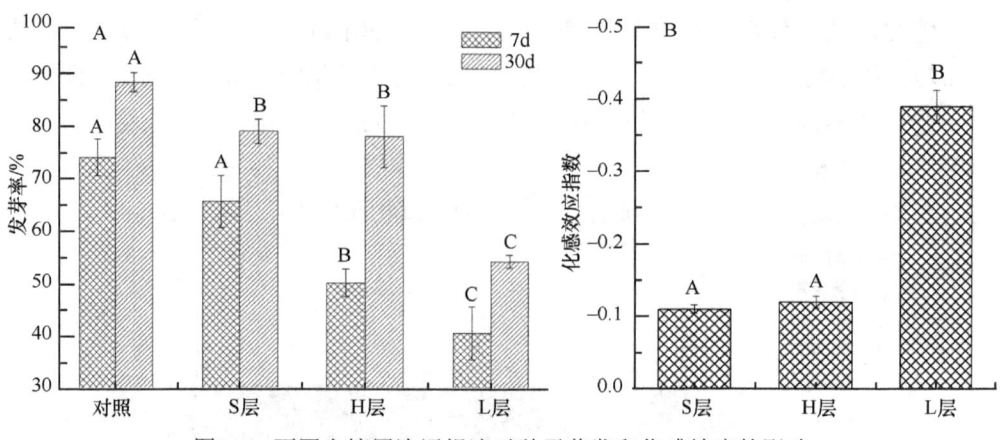

图3-5 不同土壤层次浸提液对种子萌发和化感效应的影响

L层、H层和S层分别表示枯枝落叶层、腐殖质层和土壤层。图中不同字母表示不同处理间的差异显著性，大写字母表示$P<0.01$

3.4.2 不同土壤层次化感物质的分离与鉴定

结合标准谱库及前人研究结果鉴定并确定了31种化感物质，其分析结果见表3-6。从杜鹃枯枝落叶层、腐殖质层和土壤层中鉴定出相同的化感物质共有31种，主要为长链脂肪酸类、有机酸类、醇类、生物碱类、酚酸类、氨基酸类等六大类物质，均为化感物质。其中，枯枝落叶层主要化感物质（相对含量超过5%）有5种，从高到低依次为棕榈酸、丙三醇、2-羟基乙酸、硬脂酸和肌醇，含量分别为163.83ng/g、102.52ng/g、59.94ng/g、53.07ng/g和45.24ng/g。腐殖质层主要化感物质（相对含量超过5%）有6种，从高到低依次为棕榈酸、2-羟基丙酸、2-羟基乙酸、2,2′-联吡啶、丙三醇和2,3′-联吡啶，含量分别为81.38ng/g、77.96ng/g、34.53ng/g、33.53ng/g、32.05ng/g和27.56ng/g。土壤层主要化感物质（相对含量超过5%）有9种，从高到低依次为棕榈酸、2-羟基丙酸、3-吡啶甲酸、硬脂酸、2-羟基乙酸、2,2′-联吡啶、丙三醇、对苯二酸、2,3′-联吡啶，含量分别为88.75ng/g、70.84ng/g、31.78ng/g、31.62ng/g、31.35ng/g、30.61ng/g、27.04ng/g、26.96ng/g和26.23ng/g。

表3-6 不同土壤层次主要化感物质的含量

序号	化合物名称	含量/（ng/g）		
		枯枝落叶层	腐殖质层	土壤层
1	2-羟基丙酸	16.87±2.16B	77.96±2.55A	70.84±3.51A
2	2-羟基乙酸	59.94±3.60B	34.53±2.22A	31.35±2.96A

续表

序号	化合物名称	含量/(ng/g)		
		枯枝落叶层	腐殖质层	土壤层
3	丙三醇	102.52±2.77B	32.05±0.29A	27.04±5.62A
4	3-吡啶甲酸	15.90±1.51B	20.91±2.73B	31.78±0.64A
5	苯乙酸	2.67±0.07C	1.37±0.02B	1.75±0.15A
6	丁二酸	3.13±0.14A	3.36±0.32A	2.93±0.43A
7	2,3-二羟基丙酸	4.81±0.37B	3.69±0.03A	3.54±0.19A
8	2,2′-联吡啶	37.32±0.24A	33.53±5.36A	30.61±0.05A
9	苹果酸	5.73±0.85B	6.09±0.22B	4.47±0.07A
10	脯氨酸	33.86±0.24C	6.40±0.23B	18.95±3.51A
11	2,3′-联吡啶	18.93±1.68B	27.56±2.87A	26.23±1.32A
12	2,4′-联吡啶	13.83±0.42B	21.36±3.90B	20.94±1.01A
13	3-羟基苯甲酸	0.57±0.10C	0.83±0.11B	1.70±0.27A
14	2,3,4-三羟基丁酸	1.03±0.02B	1.02±0.03B	1.20±0.01A
15	4-羟基苯甲酸	3.21±0.40B	2.44±0.24A	2.78±0.24AB
16	4-羟基苯乙酸	0.47±0.03B	0.58±0.02AB	0.73±0.09A
17	对苯二酸	23.05±3.91A	23.84±3.55A	26.96±0.81A
18	3,4-二羟基苯甲酸	24.06±0.91B	10.47±0.06A	8.48±1.09A
19	肉豆蔻酸	13.67±0.78C	7.24±0.18B	3.25±0.12A
20	正十五酸	4.36±0.50B	4.97±0.21B	1.27±0.08A
21	棕榈酸	163.83±10.23B	81.38±3.17A	88.75±5.15A
22	肌醇	45.24±2.05C	24.78±1.51B	9.31±0.69A
23	甘露醇	1.93±0.14C	6.87±0.56B	3.07±0.25A
24	亚油酸	17.32±1.74C	1.81±0.08B	1.64±0.17A
25	油酸	33.30±2.82B	7.31±0.66A	8.46±0.67A
26	α-亚麻酸	3.69±0.31B	2.06±0.23A	1.55±0.14A
27	硬脂酸	53.07±4.88B	26.66±2.12A	31.62±2.42A
28	正二十醇	2.67±0.10B	6.18±0.65A	6.13±0.48A
29	正二十酸	17.98±1.69C	6.07±0.66B	2.95±0.37A
30	正二十二醇	14.39±0.54B	18.53±1.37A	18.28±1.40A
31	正二十二酸	20.13±1.75C	11.36±0.32B	8.28±0.76A

注：表中同行不同字母表示各层次间的差异显著性，大写字母表示$P<0.01$

3.4.3 不同土壤层次化感物质的类别分析

根据Rice（1984）对化感物质的划分，从迷人杜鹃枯枝落叶层、腐殖质层和土壤层中均鉴定到长链脂肪酸类（9种）、有机酸类（7种）、醇类（5种）、生物碱类（3种）、酚酸类（6种）和氨基酸类（1种）等六大类化感物质（表3-7），其中长链脂肪酸类和有机酸类是土壤层、腐殖质层主要的化感物质，长链脂肪酸类和醇类是枯枝落叶层主要的化感物质。枯枝落叶层、腐殖质层和土壤层化感物质总量分别为759.47ng/g、513.19ng/g和496.86ng/g，表现为枯枝落叶层＞腐殖质层＞土壤层，枯枝落叶层与腐殖质层、土壤层的各化感组分相比差异极显著。

表3-7 不同土壤层次化感物质组分的类别与含量

组分	含量/（ng/g）		
	枯枝落叶层	腐殖质层	土壤层
长链脂肪酸类	327.35±24.68A	148.85±7.62B	147.77±9.87B
有机酸类	107.42±1.76A	147.55±2.29B	146.12±1.80B
醇类	166.74±0.56A	88.42±4.36B	63.83±2.79B
生物碱类	70.08±2.98A	82.44±1.41B	77.78±2.29B
酚酸类	54.02±5.02A	39.53±3.14B	42.41±2.35B
氨基酸类	33.86±0.24A	6.40±0.23C	18.95±3.51B
合计	759.47±30.05A	513.19±11.65B	496.86±9.73B

注：表中同行不同字母表示各层次间的差异显著性，大写字母表示$P<0.01$

3.5 马缨杜鹃土壤化感效应评价

3.5.1 马缨杜鹃林的特征

马缨杜鹃是我国西南地区分布最广的杜鹃属植物之一，覆盖云贵高原及缅甸和印度东北部的毗邻地区（Chamberlain et al.，1996；Fang et al.，2005）。马缨杜鹃林是常绿灌木，常见于干旱山坡上，并与露珠杜鹃和迷人杜鹃形成混交林。前人的研究较多地关注了马缨杜鹃叶片的化学成分（Song et al.，2009；Xu et al.，2012），对该物种的土壤关注较少。马缨杜鹃是主要建群种，选择3个环境特征相似的主要景区作为马缨杜鹃的分布地，树龄均超过100年（表3-8），马缨杜鹃土壤中的pH较低，酸性土壤对杜鹃的生长具有重要影响（表3-9）。

表3-8　3个样地马缨杜鹃林的特征

样地	地理坐标	坡向、坡度	海拔/m	平均地径/cm	平均树高/m
普底景区	27°14′31″N 105°51′40″E	东南坡30°	1757	40.4±2.8	4.0±0.5
仁和景区	27°12′59″N 106°02′16″E	东南坡40°	1526	61.9±5.6	3.9±0.3
戛木景区	27°15′52″N 106°03′36″E	西南坡35°	1497	67.8±7.2	4.7±0.4

表3-9　马缨杜鹃林土壤理化性质

指标	枯枝落叶层	腐殖质层	土壤层
pH	4.67±0.15	4.25±0.09	3.82±0.08
土壤有机质/%	8.02±0.14	6.55±0.06	5.18±0.04
总氮/%	0.63±0.06	0.58±0.04	0.51±0.04
总磷/%	0.092±0.004	0.085±0.005	0.074±0.002
总钾/%	9.72±0.08	8.89±0.06	7.78±0.05

3.5.2　不同土壤层次浸提液对植物种子萌发的影响

马缨杜鹃种子的发芽测试结果表明，对照处理中正常发芽率为89.2%，异常种子、休眠种子和死亡种子约占测试种子的10.8%。与对照相比，土壤层浸提液对马缨杜鹃正常发芽的影响不显著，而腐殖质层和枯枝落叶层浸提液显著降低了种子的发芽率（图3-6）。

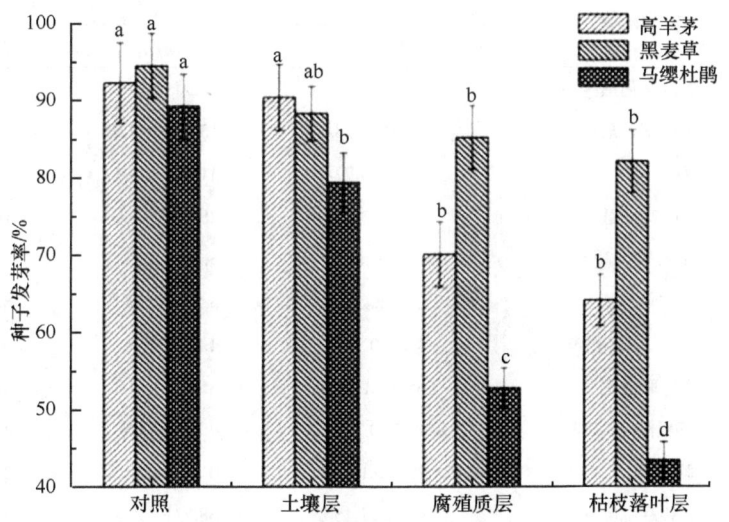

图3-6　不同土壤层次浸提液对3种植物种子萌发的影响

不同小写字母表示在$P<0.05$水平下差异显著

两种杂草种子的发芽测试结果表明，与对照相比，腐殖质层和枯枝落叶层浸提液对发芽率具有显著影响。对于高羊茅种子，与对照相比，土壤层浸提液差异不显著，腐殖质层和枯枝落叶层浸提液显著降低了发芽率。对于多年生黑麦草种子，腐殖质层和枯枝落叶层浸提液明显降低了发芽率（图3-6）。

3.5.3　不同土壤层次化感物质的分离与鉴定

与露珠杜鹃和迷人杜鹃林下土壤的鉴定结果类似，马缨杜鹃土壤中共确定31种化感物质，结果见表3-10，主要为长链脂肪酸类、有机酸类、醇类、生物碱类、酚酸类、氨基酸类等六大类物质。其中，枯枝落叶层中主要化感物质有7种，从高到低依次为棕榈酸、丙三醇、硬脂酸、2,2′-联吡啶、肌醇、2-羟基乙酸和3,4-二羟基苯甲酸，含量分别为227.28ng/g、113.79ng/g、59.19ng/g、55.69ng/g、50.29ng/g、40.82ng/g和34.89ng/g。腐殖质层中主要化感物质有7种，从高到低依次为2-羟基乙酸、棕榈酸、2,2′-联吡啶、2,3′-联吡啶、2,4′-联吡啶、丙三醇和肌醇，含量分别为130.94ng/g、96.55ng/g、85.47ng/g、68.72ng/g、57.72ng/g、41.88ng/g和41.64ng/g。土壤层中主要化感物质有8种，从高到低依次为棕榈酸、2-羟基丙酸、2,2′-联吡啶、2,3′-联吡啶、硬脂酸、2,4′-联吡啶、3-吡啶甲酸和2-羟基乙酸，含量分别为93.41ng/g、81.17ng/g、65.25ng/g、45.72ng/g、39.94ng/g、36.02ng/g、31.30ng/g和31.01ng/g。

表3-10　不同土壤层次主要化感物质的含量

序号	化合物名称	含量/（ng/g）		
		土壤层	腐殖质层	枯枝落叶层
1	2-羟基丙酸	81.17±14.2A	12.94±0.17B	4.26±0.50C
2	2-羟基乙酸	31.01±4.58A	130.94±1.72B	40.82±5.06A
3	丙三醇	16.28±3.72A	41.88±3.24B	113.79±4.21C
4	3-吡啶甲酸	31.30±3.76A	28.30±0.06A	10.12±1.05B
5	苯乙酸	1.01±0.01A	5.14±0.28B	3.21±0.17C
6	丁二酸	2.24±0.50A	3.50±0.28B	8.25±1.11C
7	2,3-二羟基丙酸	4.19±0.42A	4.81±0.14A	6.07±0.24B
8	2,2′-联吡啶	65.25±0.47A	85.47±4.94B	55.69±2.89C
9	苹果酸	4.97±0.77A	4.75±0.18A	4.49±0.85A
10	脯氨酸	20.48±1.28A	0.21±0.02B	2.37±0.04C
11	2,3′-联吡啶	45.72±1.45A	68.72±1.99B	28.6±5.15C

续表

序号	化合物名称	含量/（ng/g）		
		土壤层	腐殖质层	枯枝落叶层
12	2,4'-联吡啶	36.02±2.19A	57.72±1.80B	29.21±3.47A
13	3-羟基苯甲酸	1.22±0.09A	0.91±0.01B	0.64±0.02C
14	2,3,4-三羟基丁酸	1.02±0.05A	0.91±0.05A	0.48±0.06B
15	4-羟基苯甲酸	1.31±0.21A	2.47±0.15B	2.08±0.22B
16	4-羟基苯乙酸	0.46±0.07A	0.47±0.02A	0.27±0.01B
17	对苯二酸	20.1±0.49A	13.43±1.29B	12.56±1.04B
18	3,4-二羟基苯甲酸	5.22±1.12A	7.95±1.15A	34.89±1.91B
19	肉豆蔻酸	3.52±0.06A	8.31±0.34B	18.72±1.84C
20	正十五酸	1.81±0.02A	10.64±0.74B	5.22±0.03C
21	棕榈酸	93.41±1.52A	96.55±1.35A	227.28±8.96B
22	肌醇	2.60±0.13A	41.64±1.66B	50.29±3.52C
23	甘露醇	0.42±0.02A	19.62±1.13B	4.11±0.24C
24	亚油酸	1.13±0.04A	2.36±0.05B	15.26±0.64C
25	油酸	3.37±0.09A	12.78±1.19B	21.64±1.06C
26	α-亚麻酸	1.41±0.05A	5.08±0.07B	3.98±0.34C
27	硬脂酸	39.94±0.54A	29.05±1.82B	59.19±0.06C
28	正二十醇	1.61±0.07A	3.80±0.48B	2.60±0.34C
29	正二十酸	1.01±0.07A	5.86±0.55B	22.23±0.11C
30	正二十二醇	5.62±0.12A	15.96±1.85B	11.67±1.65B
31	正二十二酸	1.26±0.01A	10.58±0.56B	25.02±0.13C

注：表中同行不同字母表示各层次间的差异显著性，大写字母表示$P<0.01$

3.6 本章小结

杜鹃林土壤中糖类物质垂直分布表现为枯枝落叶层＞土壤层＞腐殖质层，D-葡萄糖和蔗糖是土壤糖类的主要组分。D-葡萄糖随着土层深度的增加呈先降低后升高的趋势，蔗糖、D-果糖、D-甘露糖和D-半乳糖随着土层深度的增加呈逐渐降低的趋势。杜鹃林土壤有机碳、总氮、总磷、总钾含量和pH随土层深度的增加而逐渐降低，相对含水量随土层深度的增加先升高后降低。杜鹃林土壤中的糖类物质与有机碳呈显著正相关关系。

露珠杜鹃不同土壤层次浸提液的化感效应不同。枯枝落叶层的抑制作用最为强烈，其浸提液显著抑制自身种子的萌发，枯枝落叶层浸提液的主要化感成分为丙三醇和棕榈酸；腐殖质层的主要化感成分为2-羟基丙酸和棕榈酸；土壤层土壤浸提液的主要化感成分为棕榈酸和2-羟基乙酸。化感物质总量表现为枯枝落叶层＞腐殖质层＞土壤层。从化感物质组分来分，长链脂肪酸类和有机酸类是腐殖质层与土壤层主要的化感物质种类，长链脂肪酸类和醇类是枯枝落叶层主要的化感物质种类。

迷人杜鹃不同浸提液对种子萌发的化感效应差异显著，其中枯枝落叶层对种子萌发的抑制作用最强，显著抑制种子萌发；化感物质总量表现为枯枝落叶层＞腐殖质层＞土壤层，各土壤层次中的化感物质均以棕榈酸含量最高。

马缨杜鹃土壤腐殖质层和枯枝落叶层浸提液降低了种子的发芽率，腐殖质层和枯枝落叶层浸提液显著降低了高羊茅种子的发芽率，腐殖质层和枯枝落叶层浸提液明显降低多年生黑麦草种子的发芽率。化感物质总量表现为枯枝落叶层＞腐殖质层＞土壤层，枯枝落叶层和土壤层中以棕榈酸含量最高，腐殖质层中以2-羟基乙酸含量最高。

第4章 贵州百里杜鹃森林林窗生态学

林窗（forest gap）的概念由生态学家Watt（1947）首次提出，由Runkle（1981）加以完善：林窗是指森林群落中树木死亡形成冠层空隙，以及再生植物个体所占据并生长达到主冠层高度的立体空间。林窗是森林群落的主要扰动形式（Muscolo et al., 2014），其成因有选择性砍伐、除杂和人为火灾等人为成因（宋小艳等，2014），也有自然衰老死亡倒伏、灾害、病虫害等自然成因（Lee et al., 2017）。林窗造成的森林微气候的差异影响土壤微生物的生物量和活性，从而改变土壤的化学和物理性质（Denslow, 1987）。林窗内幼苗和幼树是森林生态系统更新的重要方式（何中声等，2011）。因此，研究林窗内微环境和物种多样性关系对帮助我们进行人工辅助森林群落的天然更新具有重要的实践意义。

分布于百里杜鹃的马缨杜鹃（*Rhododendron delavayi*）、迷人杜鹃（*Rhododendron agastum*）、露珠杜鹃（*Rhododendron irroratum*）是百里杜鹃林区重要的建群种和优势种（李朝婵等，2015），具有较高的优势度和均匀度，但群落垂直结构简单，多样性指数较低。然而在杜鹃林冠之下幼苗严重缺失，杜鹃的天然更新存在严重的障碍，物种多样性水平降低，且冠层杜鹃生长状况不佳，已危及杜鹃群落，一旦发生冠层杜鹃大面积死亡，将带来巨大损失。有研究表明，百里杜鹃林区杜鹃林内存在大量林窗（李苇洁等，2008），课题组前期的实地调查发现，在百里杜鹃人为干扰形成和天然的林窗中存在部分幼苗，林下种子萌发形成的杜鹃幼苗十分稀少。当前，杜鹃旅游在促进当地经济快速发展方面起到举足轻重的作用。因此，如何深入地研究林窗干扰造成的杜鹃林环境因子的差异给杜鹃林天然更新带来的影响，以及是否可以通过人工创造林窗来辅助杜鹃林的天然更新是一个有待研究的课题。

4.1 森林林窗国内外研究现状

4.1.1 森林林窗群落更新的国内外研究现状

林窗改善了森林群落的天然更新状况，林窗的形成木改变了原有植被组成，促进森林群落的物质循环和能量流动，加速森林树种的更新与恢复（Tedersoo et al., 2009）。林窗的边缘木对林窗植物群落的天然更新具有重要作用，影响林窗内植物幼苗和幼树的生长过程（何中声等，2011）。另外，特殊森林不宜采用间伐等干扰方式进行经营管理，因此，人工创造林窗对多种森林类型（纯林、生长晚期森林及次生林）天然更新与结构优化具有重要的促进作用（Stan and Daniels，2014）。近年来，国内关于林窗的研究大多数集中于林窗基本特征方面，而野生杜鹃群落林窗与天然更新研究少见，但是日益加剧的全球气候变化、生物入侵、森林疾病等对森林的严重干扰，使得全球化尺度上的森林健康恢复及经营管理对于林窗促进森林群落更新的研究产生了较大需求。

4.1.2 林窗的形成、发育及群落特征

1. 林窗的形成原因

林窗是森林群落的主要扰动形式（Muscolo et al.，2014）。林窗成因包括选择性砍伐、除杂和人为火灾等人为原因，例如，四川宜宾39年生马尾松人工林因采伐形成大量人工林窗。此外，植物在生长过程中的自然衰老、死亡和倒伏，以及遭遇灾害、病虫害之后的死亡等也都会形成林窗。韩国的红松（*Pinus densiflora*）林曾因强台风扰动形成大量林窗（Lee et al.，2017）。海拔和坡位也显著影响林窗的形成率、密度，主要表现为在高海拔区域（≥500m）林窗的形成率和密度有较高显著性，沟谷林窗形成率、密度和林窗平均面积均显著高于侧坡及山脊，这些差异主要是由台风及其带来的强降雨引发的次生灾害（如滑坡）造成的（张志国等，2013）。另外，排污、源于生物（尤其是致病性真菌病）的大面积的树木死亡也会形成林窗（Vézeau and Payette，2016）。

2. 林窗的发展期

在挪威云杉森林中，冠层的更新周期为122年（Khakimulina et al.，2016），由退化土地完全恢复并达到成熟森林状态需要200年，林窗群落的更新周期较短（Holm et al.，2012）。根据林窗形成木的年轮和腐烂程度等判定林窗发展阶段，其中林窗形成木的腐烂程度受不同树种自身差异的影响，材质坚硬树种有较长的保存时间。另外，也可以根据生长在林窗形成木表层上的附生植物判断林窗发展阶段，在林窗形成早期，形成木表层附生植物多样性较低；在过度成熟和衰变阶段，林窗形成木表层附生植物的多样性最高；在林窗形成后期，形成木表层的附生植物多样性显著增加。例如，落叶松在森林发育初期树干上的附生植物多样性最高（Dittrich et al.，2012）。

3. 林窗群落特征研究

林窗群落的生物多样性影响群落结构和森林的动态发育。物种多样性涵盖各物种组成、结构和动态差异程度，能较好地反映群落本身或生存环境中物种丰富度、均匀度、环境变化与群落关系等（臧润国等，1999）。林窗改变森林生境，促进与刺激了物质和信息的循环，使树木吸收的营养物质被微生物分解回归到土壤而被周围的生物再吸收，进而保持和增加土壤的肥力，改善土壤含水量和孔隙度，增加群落生物多样性，为植物的生长提供新的生长环境（朱教君和刘世荣，2007）。在林窗的乔灌层中，草本层的边缘效应、物种多样性指数、幼苗更新密度与丰富度随着林窗面积增大而增大（龙翠玲，2008）。

4.1.3 林窗群落更新研究方法

设立典型样地是最常用的基本研究方法，缺点是要消耗大量人力物力（Russo et al., 2014; Raymond et al., 2016）。此外，测量设备被应用于林窗研究，如利用基于陆地激光扫描仪（TLS）开发的方法研究林窗形成与聚合的树冠响应（Olivier et al., 2017），但是面临设备的使用维护和升级换代成本都比较高、测量精度低等问题。

在单一的生态过程中，建立模型有预测分析方面的优势，但是林窗群落更新生态过程具有动态和复杂性，少有模型全面涉及。多模型及其他方法的综合运用可以克服单一模型难以预测评估密切联系的林窗生态过程的缺陷。模型建立具有缺乏囊括森林生态系统及其复杂生态动态过程的局限性。因此，构建模型时应予以重视，吸收其他模型的优点，拓宽林窗群落更新研究应用尺度，促进模型演化，增强其预测能力并减少复杂性。

4.1.4 林窗与群落更新

1. 种子萌发

在林窗植被恢复和物种多样性保护过程中，植物种子具有重要作用（Nathan and Muller-Landau, 2000）。影响种子萌发的因素比较多，冠层林窗的形成改善了微生境中的光照、温湿度等环境因素（Norghauer and Newbery, 2011），为植物的种子萌发创造了合适的环境。研究发现，小林窗天然更新以种子萌发为主，而树桩发芽在大林窗中较为常见，大林窗中的幼苗生长速率高于小林窗，更新形式和幼苗生长速率在极度与中度耐荫种之间差异不大（Forrester et al.，2014）。针对欧洲山毛榉（*Fagus sylvatica*）和欧洲冷杉（*Abies alba*）混交林的研究认为，在圆形林窗内植被快速增加，同时阻碍了耐荫树种的种子萌发。在森林管理过程中，由于林缘的植被更新率较高，应创建较多的小尺度林窗促进天然更新（Vilhar et al.，2014）。森林内林窗干扰对种子传播有效性的影响，以及间伐和林窗低的增益性干扰影响动物传播植物种子的研究比较匮乏（王静和闫巧玲，2017）。

2. 林窗的幼苗建立

林窗可以增加树木再生的多样性，提高幼苗生长速率（Beckage et al.，2016）。在樟子松（*Pinus sylvestris* var. *mongolica*）林窗中，大多数松属（*Pinus*）和桦木属（*Betula*）幼苗的生长发育过程非常缓慢，林下仅有6%的幼苗，可能是因为光照不足和竞争失利（Pasanen et al.，2016）。此外，幼苗丰富度在林隙和封闭树冠之间存在差异，幼苗丰富度在林隙中较高，且在林隙中幼苗丰富度与树干密度之间存在函数关系（Sharma et al.，2016）。林窗大小与幼树生物量、可溶性铵浓度呈正相关，与微生物量、菌根生物量、土壤呼吸量呈负相关（Schliemann and Bockheim，2014）；实生苗总体分枝率、逐步分枝率、枝径比均表现为大林窗＞中林窗＞小林窗＞林下；随着林窗面积的增大，实生苗的叶长、叶宽和单叶面积逐渐下降，而平均单株叶数、相对高度上的总叶数增加（余碧云等，2014）；当林窗面积为150～200m^{2}时，可以获得最优的栓皮栎实生幼苗，保持0.75左右的林分郁闭度，对于改善林地生境、促进林窗种子萌芽和幼苗生长有积极影响（马莉薇等，2013）。处于阴、阳坡位的大、小林窗幼苗生长总体表现为阴坡大林窗＞阳坡大林窗＞阳坡小林窗＞阴坡小林窗＞阳坡林下＞阴坡林下，光照因光照强度不同而异（韩文娟等，2012）。另外，在川西人工云杉（*Picea asperata*）林窗中，去凋落物播种在林窗中心幼苗萌发数量最多，云杉凋落物水浸液对其种子萌发和幼苗生长均有显著抑制作用，对根和茎生长的抑制率分别为68.62%、66.39%（胡蓉等，2011）。林窗可以增加森林中结构变异性和促进树种组成的多样化，促进森林群落更新。

3. 林窗填充更新

在北欧针叶林人工林窗中，林窗闭合率高于天然林缺口率，5年后足够数量的幼苗已经再生，以早期树种为主（Drössler et al.，2015）。实验显示小林窗直径为6m和10m，其需要较少的填充树苗，12年后成熟的边缘树冠部扩展完全填充小林窗，滞后于中等林窗（直径为20m、30m和46m）；中等和大林窗的林下层以灌木悬钩子属（*Rubus* sp.）为主，抑制了美洲白蜡（*Fraxinus americana*）等物种的生长（Kern et al.，2013）。适宜尺度的林窗，可以促进种子萌芽、幼苗生长，使幼苗免于遭受高温与水分胁迫（Gray et al.，2002）。伊朗原始的东方山毛榉（*Fagus orientalis*）林是受人类干扰较小的森林，有研究表明，山毛榉林窗大小幼苗密度影响不显著。在林窗中山毛榉构成了93%的填充物，林窗更新是山毛榉森林天然更新的主要途径（Sefidi et al.，2011）。美国东部的栎属松属混交林横跨多种生态区，在混交林中占主导地位的树种是松属植物（56%）。而混交林林窗填充物类群中大多数是阔叶树，其中栎属占39%，山核桃属占14%，多花蓝果树（*Nyssa sylvatica*）占12%和其他阔叶树种15%，松属仅占14%。该混交林处于从松属向栎属转变的后期阶段（Weber et al.，2014）。

4. 物种多样性与林窗更新

在韩国的红松林窗中，地面甲虫群落没有因台风干扰发生巨大变化，物种多样性和物种丰富度显著性较高（Lee et al.，2017），但频繁的台风干扰延长了自然常绿森林冠层的再生时间，且林窗中无幼苗物种，植物群落与林下具有非常高的相似性（＞90%），干扰在植物多样性中发挥中性作用（Yao et al.，2015）。有研究评估了冰冻灾害形成的林窗对地面甲虫组合的影响，人为三种林窗生境类型（林窗、林缘、林下）之间的甲虫物种丰富度无显著差异（Yu et al.，2016）。在中等尺寸（直径20～30m）的林窗中植物的功能特征和物种多样性最明显（Kern et al.，2014）。然而，在日本中部的亚高山森林中，幼树生长主要影响因素是光环境，同时受到林下与林窗的差异影响，还受到树种常绿与落叶性状的影响（Kato and Yamamoto，2016）。另外，土壤病原菌对林下幼苗的负面影响更大，导致更多的幼苗死亡（Bayandala et al.，2016），但在中国北方油松（*Pinus tabulaeformis*）林，主要由革兰氏阳性菌引起微小林窗的微生物群落与封闭冠层位置之间的差异，微小林窗对微生物群落有益（Yang et al.，2017）。小林窗的创建与自然再生可以增加树木死亡引起的老年松树林小林窗的多样性（Jankovska et al.，2015）。

遗传过程的混合、森林干扰可影响林窗内的遗传多样性，有研究发现，有限数量的树苗亲缘后代的遗传过程的有效混合可能增加树冠占据林冠林窗的遗传多样性（Scotti et al.，2017）。另外，森林干扰对热带先锋树种的遗传多样性产生主要影响，但并不在其总体水平上造成差异，在树冠林窗中发现了多样性较低的相关树苗（Leclerc et al.，2015）。

5. 动物与林窗群落更新

在长江上游的马尾松林场，林窗大小可影响土壤动物分解凋落物中的微生物生物量碳、生物量氮；林窗内马尾松凋落物分解初期，土壤动物对微生物生物量的增加有一定的促进作用，但其作用大小受到林窗大小、林窗位置和凋落物分解时间的影响而表现出一定的差异（张明锦等，2016）。土壤动物的丰度和群落组成随林窗大小而变化。受冰冻灾害后的杉木林林下土壤动物个体数量分别是小林窗和大林窗的2.0倍和5.2倍，但是小林窗拥有最多的物种数，分布最均匀，生物多样性最高（Xu et al.，2016）。地面动物的觅食行为为影响林窗群落更新，通过影响林窗表层土壤养分改变林窗植被的组成和发育轨迹（Tahtinen et al.，2014）。在南美洲南部温带森林林窗中，由迁徙鸟类产生的灌木果实种子雨更致密（Bravo et al.，2015）；而在热带森林林窗中，地面小型哺乳动物通过多种方式伤害幼苗和幼树来阻碍树木的更新（Norghauer et al.，2016）。另外，森林中较大的冠层覆盖增加动物运动的概率，而冠层中的林窗阻碍动物运动（Chen and Koprowski，2016）。森林内道路等基础设施建设导致动物栖息地破碎化，以及由开发引起的隔离效应对森林生态系统功能的影响机制有待研究。

6. 生物入侵和林窗更新

研究表明，入侵物种的密度在冠层林窗和林缘的中心高于森林冠层，而地方性物种的幼苗和树苗密度在冠层林窗中心、边缘较高；树干、土墩和坑以入侵物种为主，较低的幼苗和较高的树苗密度都在早期林窗中（Arellano-Cataldo and Smith-Ramírez，2016）。白蜡窄吉丁（*Agrilus planipennis*）来源于亚洲，2002年意外引入北美之后大面积扩散，白蜡林损毁严重，同时形成了大量森林林窗。研究表明林窗大大降低了甲虫的活动密度，丰富度略有降低（Perry and Herms，2016）。随着林窗尺度的增加，入侵物种丰富度和相对覆盖度显著增加，林窗中人工遮蔽的下层植物组成中的外来物种比例比无阴影地块高，林窗尺度与入侵程度之间存在较好的线性关系（Blair et al.，2010）。

马缨丹（*Lantana camara*）是印度热带森林的主要入侵种之一，其在占领原始物种之前的林窗和森林边缘具有较强的优势（Mandal and Joshi，2015），而悬钩子（*Rubus alceifolius*）在最大的林窗内形成了致密的单一特异性林分，入侵物种是正在逐渐退化的森林的真正威胁（Baret et al., 2008）。此外，黑野樱（*Prunus serotina*）能够生产大量种子（平均每棵树生产6011颗），形成种苗库并最终达到冠层填充林窗，其具有很强的入侵能力（Clossetkopp et al., 2007）。

7. 林窗植物之间的竞争

林窗通过建立资源丰富的异质生境而保持了生物多样性，但对于热带森林不能维持耐荫树的林窗仍然令人费解，迄今为止涉及的假说是扩散限制。不同生长型（藤本植物与乔木）之间的竞争会限制耐荫树木的填充、存活和林窗的生物多样性。藤本植物对耐荫树种特别有害，但对先锋植物无害。去除藤本植物可使树木的生长、恢复率和丰富度分别增加55%、46%和65%（Schnitzer and Carson, 2010）。针对温带森林，由于树冠结构的差异，糖槭（*Acer saccharum*）比香脂冷杉（*Abies balsamea*）对林窗有更大的响应（Olivier et al., 2017）。

8. 土壤理化性质与林窗更新

森林林窗的干扰可以影响土壤的理化性质，与未受林窗干扰的森林相比，林窗中疏松土壤的体积密度较高，土壤养分供应减少（Reyes et al., 2014）。在湖北的马尾松人工林，林窗中土壤性质受林窗的影响显著（Hu et al., 2016）。在匈牙利栎类林人工林窗中，更多的降水由于表层森林凋落物量的减少和拦截很难到达土壤；由于较少的蒸发和拦截损失，林窗中比林下有更多的可用水（Zagyvainé et al., 2015）。在格氏栲（*Castanopsis kawakamii*）天然林中，不同尺度和发育阶段林窗的土壤水解氮、速效钾含量均高于林下，而总氮、总磷、有效磷、有机质含量低于林下，中尺度林窗中总氮、水解氮、速效钾、有机质含量高于大林窗和小林窗（He et al., 2015）。此外，林窗尺度对团聚体的组成、有机碳含量和储量具有显著影响（宋小艳等，2014）。在土耳其森林中，林窗大小也显著影响土壤的化学性质。随着林窗尺度的增大，土壤中的Na^+浓度降低，K^+和Mg^{2+}浓度呈现增加。中尺度林窗土壤具有最低的有机质含量，以及最低的Ca^{2+}和N^{3+}浓度（Özcan and Gökbulak, 2015）。近年来，越来越多的研究集中在林窗幼苗更新动态、林窗特征、微环境等方面而缺乏对林窗各要素之间、土壤各土壤层和非土壤层的系统性整合研究。

研究表明，百里杜鹃林区的土壤属酸性土壤，林区物种多样性单一，形成了区域内连片的建群物种，林内土壤养分为杜鹃的生长提供了良好条件。百里杜鹃林区地下煤矿资源分布丰富，在矿产资源的开发与人类活动的干扰下，林区土地资源表现出不同程度的重金属污染（僮祥英和吉玉碧，2011）。现有研究显示，百里杜鹃中心花区镉的含量超标（乙引等，2016），有研究者对杜鹃的重金属富集能力进行了研究，发现杜鹃对铅、镉、锌具有较高的富集能力，是禾本科植物的2倍以上（Zu et al.，2005）。而土壤中的重金属含量过高，尤其是Hg、Cd，会损坏植物进行光合作用的叶绿体，造成植物生理生化方面的障碍，导致植物根系吸收水分和养分的总量降低（严重玲等，1997；Fojtová and Kovařík，2000），严重影响植物的生长和更新。实地调查发现，百里杜鹃野生杜鹃林中存在大量林窗，林窗形成的异质性微环境是否影响土壤重金属在天然杜鹃林中的空间分布，需要进一步展开研究。

林窗是森林天然更新的重要驱动力，林窗扰动是森林生态系统内部普遍存在的一种干扰方式（朱教君和刘世荣，2007；何中声等，2012）。林窗造成光照、热量、水分资源的空间再分配及微生境的差异（Chazdon and Pearcy，1991）。林窗可以改善林内光照条件并延长光照时间，导致森林内的水热条件发生变化，为植物个体更新及其种子萌发、幼苗生长提供了适宜的生境，林窗直接或间接影响了森林植被群落的物种组成、群落结构和生态服务功能（臧润国等，2000；李兵兵等，2012）。近年来，国外在林窗的生物多样性维持和林窗微环境的物种响应等方面进行了大量研究（王家华和李建东，2006），而国内关于林窗基本特征的研究较多（王卓敏和薛立，2016），但是鲜见对百里杜鹃天然杜鹃林林窗木本植物群落、微环境的调查研究。由于发展旅游的需要人为去除了主要景区内的杂木，以及森林疾病、虫害等对百里杜鹃天然杜鹃林产生了不同程度的干扰，这些使杜鹃林形成大量林窗，而对干扰后小尺度林窗的物种资源、天然更新状况缺少了解。

4.2 百里杜鹃森林林窗特征

为了解林窗扰动对贵州百里杜鹃国家森林公园天然杜鹃林天然更新障碍的影响，本节以百里杜鹃普底和金坡景区的杜鹃林林窗为主要研究对象，以林下为主要对照，在课题组前期研究、实地踏查进行植物资源调查和样品采集测定分析的基础上，运用多元统计分析方法对林窗与林下的植物物种多样性和环境因子进行分析比较，分析探讨环境因子对杜鹃林林窗植物多样性的影响，为百里杜鹃人工辅助天然更新提供参考。

林窗在优化森林结构、提高森林的生态服务功能、促进森林更新及应对全球气候变化方面均有重要作用（Gray et al.，2012）。因形成原因的不同，林窗可分为天然林窗和人工林窗，林窗具有特殊的影响特征，根据影响特征可把林窗分为3种不同的类型：林冠林窗、扩展林窗和地下根林窗（Runkle，1982；Mccarthy et al.，2001）。林窗的形成木改变了原有植被的组成，促进了森林群落的物质循环和能量流动，加速了森林树种的更新与恢复（Tedersoo et al.，2009）。马缨杜鹃、迷人杜鹃、露珠杜鹃是百里杜鹃林区重要的建群种和优势种，具有较高的优势度和均匀度，但群落垂直结构简单，多样性指数较低，群落郁闭度高。经实地调查研究发现，百里杜鹃林区野生杜鹃林内存在大量林窗。本研究以百里杜鹃林窗为研究对象，调查杜鹃林林窗的物种资源及环境因子（经纬度、海拔、坡度、坡向、坡位、光照、温度、水分、土壤等）并进行测定与分析，然后进行人工辅助更新，最后分析环境因子对杜鹃林林窗更新的影响，为野生杜鹃群落林下天然更新困难提供数据支撑和科学依据。

采样点分布在阴坡与阳坡坡向，上、中、下坡位，采样点位于以迷人杜鹃、马缨杜鹃、露珠杜鹃为优势树种的天然林区，林内伴生植物主要有青冈（*Cyclobalanopsis glauca*）、银白杨（*Populus alba*）、白桦（*Betula platyphylla*）、柃木（*Eurya japonica*）、木姜子（*Litsea pungens*）、箭竹（*Fargesia spathacea*）、南烛（*Vaccinium bracteatum*）、蕨类（*Pteridophyta*）、苔藓（*Bryophyta*）等。林窗与林下对照样地按坡度分为缓坡（0°～9°）、中坡（10°～29°）、陡坡（30°～50°），样点数分别为5∶5∶5和6∶5∶4；按海拔分为低海拔（1590～1652m）、中海拔（1652～1714m）、高海拔（1714～1776m），样点数均为5∶5∶5；坡位包括下坡位、中坡位、上坡位，样点数分别为3∶5∶7和3∶7∶5。

4.2.1 林窗成因分析

林窗成因的实地调查结果表明（图4-1），在调查区域，自然原因形成的林窗数量较少，仅为12.21%，本次调查在山顶部和中坡位，这些地方突兀，杜鹃和其他植物的长势都不好，天然更新困难。形成林窗的主要原因是人为砍伐，其中以人为去除杂木砍伐（除杂砍伐）为主，占71.79%。景区为了更好地发展杜鹃旅游，人为地砍伐生长在主要花区的其他树木，导致大量林窗的形成，这些林窗通常面积不大，林窗形成木不是杜鹃物种，林窗形成时间通常不超过10年；其次为一般砍伐和拓荒砍伐，共占15.38%，调查数量次于除杂砍伐所形成林窗，其形成时间较早，林窗形成木不仅有杂木，还有杜鹃，由于近年来景区的旅游业发展迅速，拓荒地已经撂荒，现在这些林窗的发展处在填充发展阶段。

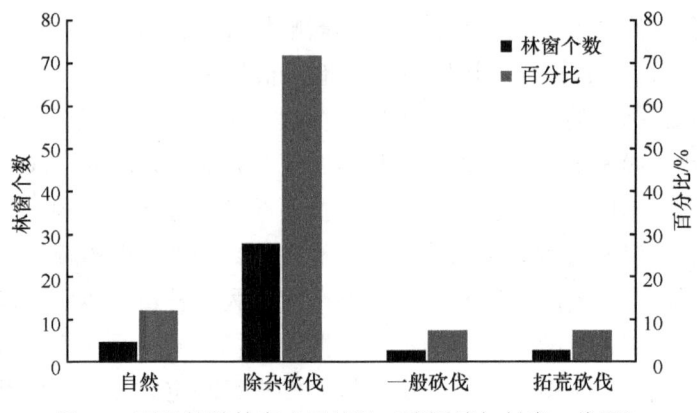

图4-1　百里杜鹃林窗成因统计（彩图请扫封底二维码）

4.2.2　林窗大小特征

林窗大小是林窗的重要特征，其大小是影响林窗微生境其他环境因子的重要因素，如阳光、温度等（臧润国等，1999）。根据实地调查结果，每个林窗的面积大小如图4-2所示。

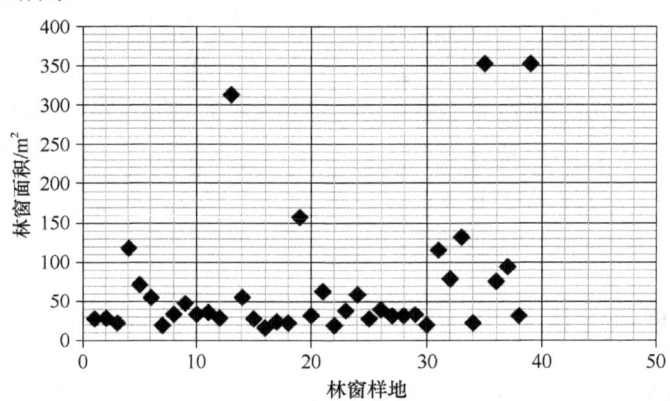

图4-2　百里杜鹃林窗面积统计散点图

将林窗大小分为4个级别，其中林窗面积小于$50m^2$的数量最多，为24个，占林窗总数的62%；其次是面积为$50\sim100m^2$的林窗，占总数的21%；面积在$100\sim200m^2$和面积大于$300m^2$的林窗个数共有7个，而它们的面积达总面积的50%（图4-3）。因此，本次随机调查的林窗以面积小于$100m^2$的小林窗为主，大尺度林窗数量少。

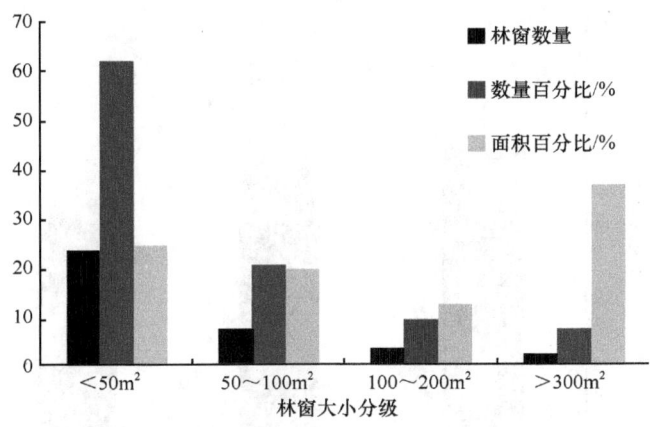

图4-3 百里杜鹃林窗面积大小分级

4.2.3 林窗微环境特征

1. 光照强度

百里杜鹃林窗、林缘及林下的光照强度测量结果见图4-4，从图中可以看出，在同一时间相同样地，光照强度均表现为林窗＞林缘＞林下，3种不同样地的光照强度变化明显。

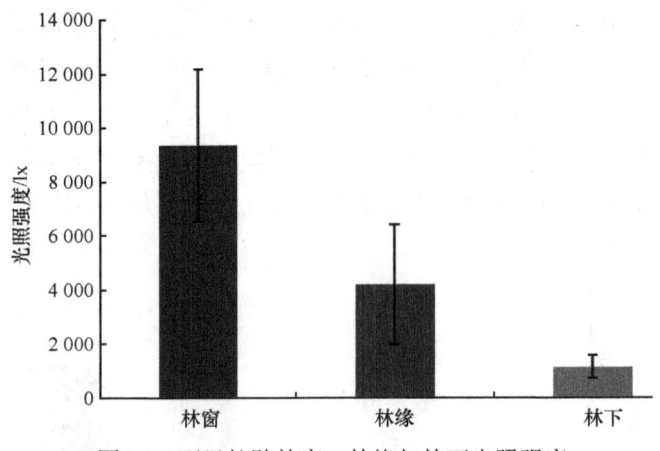

图4-4 百里杜鹃林窗、林缘与林下光照强度

2. 土壤温度

百里杜鹃研究区林窗、林缘及林下表层土壤温度（图4-5）统计显示：林窗＞林缘＞林下，林窗与林下土壤温度最大、最小值之间相差11℃，林缘与林下土壤

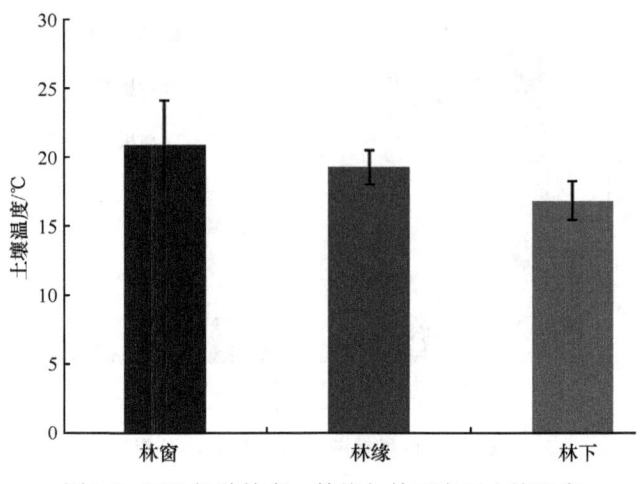

图4-5 百里杜鹃林窗、林缘与林下表层土壤温度

温度之间相差5℃，林缘与林窗仅相差3℃，表明随着林窗的形成，相同时间的林窗表层土壤升温和降温都比较快。

3. 凋落物厚度

百里杜鹃林窗、林缘与林下凋落物厚度的分析见图4-6，从凋落物厚度的平均值可以得出，整体上表现为林下＞林窗＞林缘，其中林窗凋落物厚度大于林缘，可能是由于大多数林窗面积都比较小，凋落物容易到达林窗中心。个别林窗凋落物厚度较大，甚至大于林下，是因为受到人为干扰堆积及处于林窗形成初期，林窗出现凋落物层较厚。林窗中凋落物厚度最大值为3.8cm，林下凋落物厚度极值为9.2cm，这表明杜鹃林凋落层分布不均匀，受人为干扰较严重。

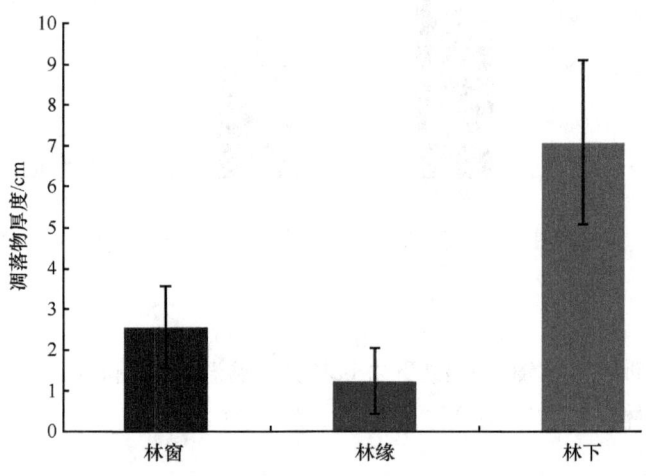

图4-6 百里杜鹃林窗、林缘与林下凋落物厚度

4. 土壤水分

百里杜鹃林窗、林缘与林下土壤含水量见图4-7，占总数的66.67%的林窗土壤含水量高于林下，在林窗与其边缘的对照样点中，90%的林窗样点含水量低于其林缘，表明大多数林缘与林窗的含水量比较高。从土壤含水量的均值可以得出，整体上表现为林缘＞林窗＞林下，其中林缘土壤含水量大于林窗，可能是由于冠层林窗的形成增加了阳光的直射，增加了林窗中心土壤的水分蒸发量。而林缘与林窗表层土壤含水量都大于林下，因为林窗形成增加了单位时间内进入林窗及其边缘的降水量，而杜鹃冠层和地表凋落物对降雨的吸收与阻挡导致林下表层土壤含水量较低。

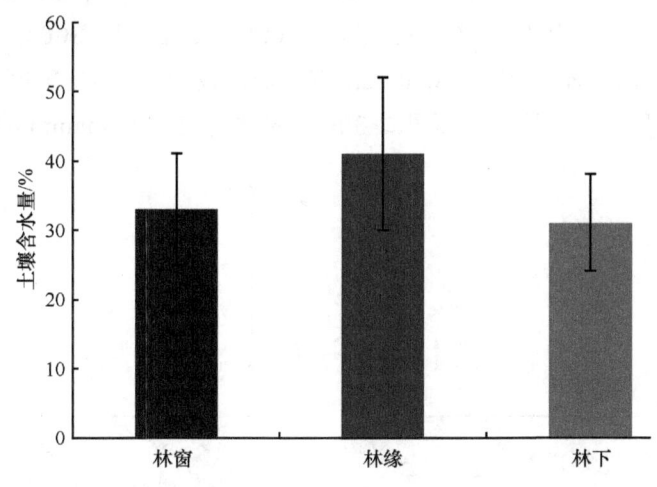

图4-7 百里杜鹃林窗、林缘与林下土壤含水量

4.2.4 物种多样性

1. 研究区内杜鹃幼苗

百里杜鹃研究样地的幼苗分布如表4-1所示，林窗中发现杜鹃苗220棵，为杜鹃苗总数的96.07%；林下为9棵，占3.93%，在林缘1m²的范围内未发现杜鹃苗。林窗中有41棵为树桩发芽形成，为林窗总数的18.64%；林下有4棵，是林下总数的44.44%，表明林下多数杜鹃幼苗以树桩发芽形成的形式更新较多。林窗中以种子萌发形成的幼苗比较多，为林窗杜鹃幼苗总数的81.36%，发芽棵数达到179，而林下种子萌发形成仅有5棵，是林下幼苗总数的55.56%，研究表明，林窗中杜鹃幼苗以种子萌发更新为主，其次是树桩发芽更新，冠层林窗的形成为杜鹃的更新创造了良好生境，具有较好的生态学研究意义。

表4-1　研究样地杜鹃幼苗统计表

样点类型	样点个数	杜鹃幼苗数/棵	百分比/%	树桩发芽数	百分比/%	种子萌发数/棵	百分比/%
林窗	39	220	96.07	41	18.64	179	81.36
林下	39	9	3.93	4	44.44	5	55.56

2. 植物物种多样性

为便于比较物种多样性，按林窗按面积大小分为4类，并与林缘和林下对照进行比较，分别计算物种多样性指数，结果见于图4-8。不同面积尺度林窗中植物的Margalef指数与Simpson指数均显著大于林下对照（图4-8A、C），其中50~100m²与＞300m²的林窗植物的Margalef指数与Simpson指数大于面积＜50m²的林窗，均显著大于林缘和林下对照（$P<0.05$）。面积＞300m²的林窗植物的Margalef指数、Simpson指数、Shannon-Wiener指数和Pielou均匀度指数最大，均显著大于林缘和林下对照，且面积＞300m²的林窗植物的Shannon-Wiener指数和

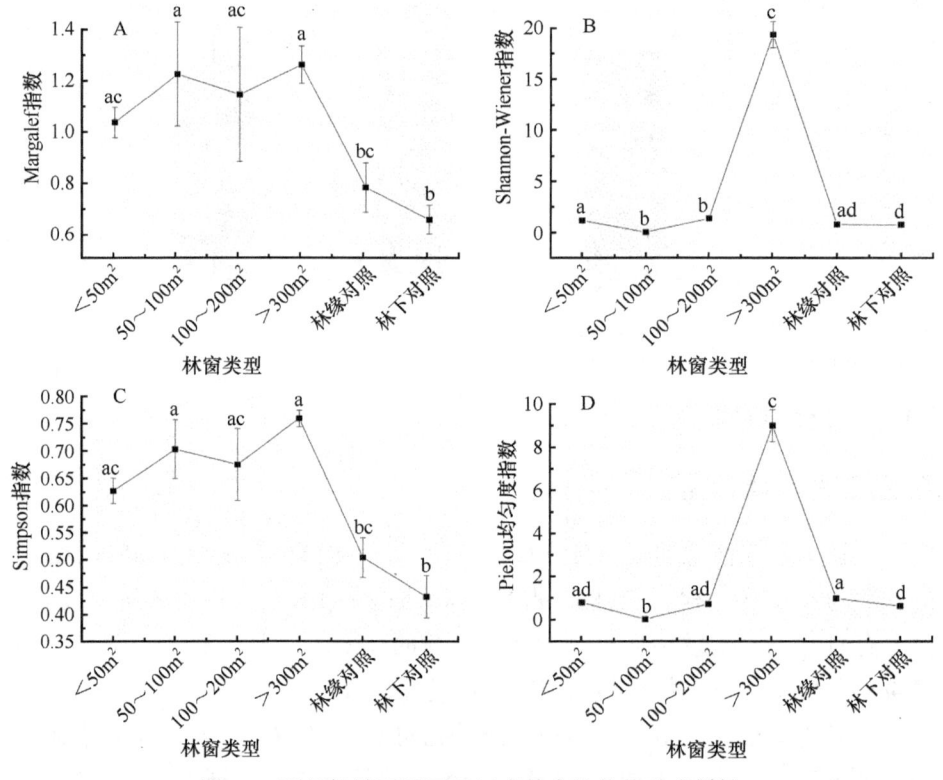

图4-8　百里杜鹃不同面积尺度林窗植物物种多样性

图中不同字母表示差异显著

Pielou均匀度指数显著大于其余尺度的林窗。50~100m²的林窗植物的Shannon-Wiener指数、Pielou均匀度指数均显著小于林缘和林下（图4-8B、D），也显著小于其余尺度的林窗（除50~100m²、100~200m²的Shannon-Wiener指数不显著外）（$P<0.05$）。随着林窗面积尺度的增加，林窗植物的Margalef指数与Simpson指数均有先增加后降低再增加的变化趋势，林窗植物的Shannon-Wiener指数和Pielou均匀度指数均有先降低后增加的变化趋势。

3. 林窗植物物种多样性与环境因子的相关性

分析结果表明，林窗植物的Shannon-Wiener指数和Pielou均匀度指数均与表层土壤pH、林窗面积呈极显著正相关（$P<0.01$），而与表层土壤含水量（$P<0.05$）和表层坡度（$P<0.01$）呈显著负相关，林窗植物的Margalef指数、Simpson指数均与所调查的环境因子无显著相关关系（表4-2），表明表层土壤pH与林窗面积、土壤含水量与表层坡度对Shannon-Wiener指数和Pielou均匀度指数的影响较大，但前两者与后两者的作用效果相反。

表4-2 林窗植物物种多样性与环境因子的相关性

环境指标	Margalef指数	Simpson指数	Shannon-Wiener指数	Pielou均匀度指数
pH	0.06	0.198	0.469**	0.461**
含水量	−0.127	−0.215	−0.364*	−0.363*
石砾含量	0.009	−0.061	0.29	0.299
光照强度	0.146	0.288	0.076	0.05
林窗面积	0.194	0.303	0.906**	0.887**
土壤温度	0.046	0.287	0.246	0.226
表层坡度	0.004	−0.26	−0.429**	−0.426**
凋落物厚度	−0.033	−0.213	−0.18	−0.17

*表示在0.05水平（双侧）显著相关，**表示在0.01水平（双侧）显著相关

4.3 讨论与展望

4.3.1 林窗大小特征及环境因子

林窗大小是林窗的重要特征，自然过程产生的林窗面积通常较小（Spies and Franklin，1989）。本次调查的林窗中62%的林窗面积小于50m²，21%的林窗面积为50~100m²，林窗的面积不大，具有相似之处，但这些小林窗的形成原因多

数是人为砍伐。林窗大小是影响林窗微生境其他环境因子（如阳光、温度等）的重要因素。研究发现，在相同时间相同样地，光照强度均表现为林窗＞林缘＞林下，林窗形成后，林窗内环境接受的阳光辐射量随着林窗面积的增加而增加（欧建德等，2016）。林窗内的光照增加，会引起温度升高。研究显示，表层土壤温度林窗＞林缘＞林下，与光照强度表现出一致的变化趋势，管云云等（2016）也发现林窗形成促使地表日均温升高，使得森林内出现局部的温度升高。

林窗的形成改变了杜鹃凋落物在杜鹃林地表的积累和分布，加速了林窗内凋落物的分解，尤其是小林窗腐殖化过程更加明显（Muscolo et al.，2011），研究发现，杜鹃林中的凋落物厚度整体上表现为林下＞林窗＞林缘，其中林窗凋落物厚度大于林缘，杜鹃林凋落层分布不均匀，有的样点分布在道路附近，受人为干扰较严重，少数样地凋落物厚度大，除此之外，也受林窗处于形成初期、林窗有凋落物积累的影响。

4.3.2 林窗对物种多样性的影响

冠层的开放增加了森林的结构复杂性和物种多样性（Gray et al.，2012），林窗植物的多样性也受林窗大小尺度的影响。研究发现，不同面积大小林窗植物的Margalef指数与Simpson指数均显著大于林下对照，林窗的形成增加了百里杜鹃研究区杜鹃林的物种多样性，而且林窗尺度对林窗植物的Margalef指数与Simpson指数的影响较大。本研究中$50\sim100m^2$与面积$>300m^2$的林窗植物的Margalef指数、Simpson指数均显著大于林缘和林下对照，也大于面积$<50m^2$的林窗，表明小林窗植物多样性较低，较前人研究结论——小林窗（小于$50m^2$）的物种多样性高于大林窗（大于$100m^2$）和中林窗（$50\sim100m^2$）（刘庆和吴彦，2002；胡蓉等，2011），本研究的结果存在较大差异，只有$50\sim100m^2$的林窗植物的Shannon-Wiener指数和Pielou均匀度指数均显著低于小林窗（小于$50m^2$）、林缘和林下，植物多样性水平相同。

研究发现，因为大林窗中温度较高，种子萌发困难，而环境条件适中的小林窗（小于$50m^2$）对种子萌发和幼苗生长有利，小林窗的物种多样性高于大林窗（大于$100m^2$）和中林窗（$50\sim100m^2$）（刘庆和吴彦，2002；胡蓉等，2011），也有研究表明，在林窗更新的初期阶段，由于大林窗中温度较高，对植物的种子萌发不利，而中小林窗（$60\sim80m^2$）内的光照、水分和温度等环境因子组合状况好，导致其植物物种多样性水平最高（李兵兵等，2012）。本研究发现，林窗面积$>300m^2$的林窗植物的Margalef指数、Simpson指数、Shannon-Wiener指数和

Pielou均匀度指数均最大,且该尺度林窗植物的Margalef指数与Simpson指数显著大于林缘和林下及不同尺度林窗,表明面积>300m^{2}的林窗植物物种多样性水平最高,与小林窗(小于50m^2)和中小林窗(60~80m^2)具有最高水平的物种多样性结论不一致,可能是研究中多数小林窗都处在形成初期,林窗中幼苗更新较差,但是与刘庆(2004)在长苞冷杉(*Abies georgei*)林中的研究发现有一致之处,面积小于50m^{2}的林窗中幼苗的数量明显低于面积大于100m^{2}的大林窗,林窗中幼苗数量随着林窗尺度的增加而增加。此外,植物的物种多样性可能还与森林类型有关。

4.3.3 环境因子对林窗物种多样性的影响

杜鹃树种的生长与温带森林的土壤pH有很好的联系(Bharali et al.,2014),最适宜的土壤pH为4.5~5.5(Reiley,1995),百里杜鹃研究区杜鹃林土壤偏酸性,适合杜鹃生长,本研究也发现,林窗植物的Shannon-Wiener指数和Pielou均匀度指数均与表层土壤pH和林窗面积呈显著正相关;较多研究发现,林窗大小与物种多样性密切相关(刘庆和吴彦,2002;胡蓉等,2011;李兵兵等,2012),本研究整体上林窗中的幼苗数量随着林窗尺度的增加而增加,在面积>300m^{2}的林窗植物物种多样性最高。林窗植物的Shannon-Wiener指数、Pielou均匀度指数与表层土壤含水量和坡度呈显著负相关。小林窗增加了微环境光因子的异质性(Quinn and Thomas,2015),改变了土壤温度和湿度,促进了森林林窗中的水分蒸发(Arihafa and Mack,2013),坡度影响水分的保存和养分的积累,缓坡样地因较厚的土壤促进TP、TK、有效磷(AP)和有效钾(AK)逐渐积累(Zhang et al.,2014),为种子萌发和幼苗生长提供良好环境,调查发现,林窗中杜鹃苗220棵,占杜鹃苗总数的96.07%,其中种子萌发形成占81.36%,树桩发芽形成幼苗占总数的18.64%,均远高于林缘和林下对照,林窗的形成促进杜鹃在林窗中的天然更新。

4.4 本章小结

百里杜鹃林窗形成的主要原因是人为砍伐,通常面积不大,但数量较多。林窗面积小于50m^{2}的数量最多,其次是面积为50~100m^{2}的林窗。林窗的形成改变了杜鹃林中环境因子的分配,在相同时间相同样地,光照强度均表现为林窗>林缘>林下,土壤表层温度变化与光照强度变化一致,表现为林窗>林缘>林下。

这进一步影响了凋落物在杜鹃林中的分解，凋落物厚度整体上呈现林下＞林窗＞林缘的变化特征。

　　林窗中杜鹃幼苗以种子萌发更新为主，其次是树桩发芽更新，冠层林窗的形成为杜鹃的更新创造良好生境。不同大小尺度林窗植物的Margalef指数与Simpson指数均显著大于林下，其中50～100m^2与面积＞300m^2的林窗植物的Margalef指数、Simpson指数均显著大于林缘和林下，50～100m^2的林窗植物的Shannon-Wiener指数、Pielou均匀度指数均显著小于林缘和林下。面积＞300m^2的林窗植物的Margalef指数、Simpson指数、Shannon-Wiener指数和Pielou均匀度指数最大，均显著大于林缘和林下，其林窗植物的Shannon-Wiener指数和Pielou均匀度指数也显著大于其余尺度的林窗。环境因子影响杜鹃林林窗的物种多样性，林窗表层土壤pH、林窗面积、土壤含水量、表层坡度与Shannon-Wiener指数和Pielou均匀度指数呈显著相关。

第5章 贵州百里杜鹃不同林窗的土壤理化性质

森林林窗在森林生态中发挥重要作用，有助于保护生物多样性，影响养分循环，维持晚期演替森林的复杂结构（Kern et al.，2013；Muscolo et al.，2014；Yang et al.，2017）。林窗增加了森林多样性、结构复杂性和物种多样性（Gray et al.，2012）。森林冠层开放决定了温带森林的再生（Runkle，1982）。而自然过程产生的林窗通常尺度小和短暂（Spies and Franklin，1989）。小林窗扰动的重要性已成为全球各种森林中森林动态和自然更新研究的共同主题（Lertzman，1992；Römer et al.，2007）。先前的研究表明，小林窗中的凋落物分解速率高于大林窗（Prescott et al.，2003），在小林窗中，腐殖化过程占主导地位，然而矿化过程在大林窗中占主导地位（Muscolo et al.，2011）。随着林窗尺度的增加，Na^+浓度降低，而K^+和Mg^{2+}浓度增加。阔叶混交林中等尺度林窗土壤中的有机质含量最低，Ca^{2+}和N^{3+}浓度最低（Özcan and Gökbulak，2015）。林窗土壤性质的变化在种子萌发和幼苗的建立及补充中起着至关重要的作用，影响不同植物的再生（Schliemann and Bockheim，2011），但小尺度林窗形成对百里杜鹃国家森林公园天然杜鹃林土壤性质和植物种类的影响尚不清楚。

前人研究表明，土壤性质与不同森林生态系统的地形有关（Tsui et al.，2004；Zhang et al.，2014）。林窗中心土壤中K^+、Ca^{2+}含量随海拔升高而增加，而林下pH升高，Al^{3+}含量降低（Sisira et al.，2008）。此外，土壤地形和森林林窗是影响植物物种多样性与分布的主要因素（Oliveira-Filho et al.，1998；Hejcmanová-Nežerková and Hejcman，2006）。目前，在百里杜鹃天然林的封闭冠层下，很少有杜鹃种子发芽，多种杜鹃（如马缨杜鹃和迷人杜鹃）在遭遇病虫害后逐渐死亡，而在小林窗中发现了零星的杜鹃幼苗和幼树，但尚不清楚冠层中的小林窗是否会导致不同地形的土壤性质的差异，也不清楚这些变化如何影响杜鹃的生长，回答这些问题可能有助于我们了解野生杜鹃群落天然更新障碍的机制，推进天然杜鹃林的物种多样性保护和经营管理活动可持续进行。

贵州百里杜鹃林区是贵州省的主要产煤区之一，百里杜鹃地下蕴藏丰富的煤矿，尤以无烟煤质优、储量多、分布广，是目前主要开采的矿产资源（谢元贵等，2012），而且林区地表也有煤层土分布。林区内还分布有一定数量的大煤矿、小煤窑及废弃矿井，煤矿开采产生大量扬尘和尾矿煤矸石，煤矸石中微量有害元素含量普遍过高，风化作用使大量有毒有害的重金属元素被释放进入土壤和水体（Lan et al.，1998）。随着景区旅游的迅速发展，已对煤炭的开采加以调整，但是由于土壤中污染物的迁移性，任何土壤污染都可能导致地下水污染（Steinmann and Stille，1997）。因此，对研究区内的重金属污染特征及生态风险进行评价可为百里杜鹃国家森林公园土壤的监测和土壤防治提供参考。Zehetner等（2009）发现森林土壤中重金属含量过高，将引发森林退化、生物多样性丧失、生态系统结构受损、功能及稳定性下降等生态问题，但未见从林窗和林下土壤重金属分布差异方面解释野生杜鹃群落更新困难的报道。在美国东北部森林中，林地土壤Hg浓度与纬度和海拔相关（杜虎等，2016）；随着海拔的升高，舟山青浜岛东坡Cr、Cu和Pb污染程度增加（田文等，2016）。此外，在常绿阔叶林，林窗的形成率和密度也受海拔、坡位的影响，在高海拔地段林窗的形成率和密度最高（张志国等，2013）。林窗造成的森林微气候的差异影响土壤微生物生物量和活性，从而改变土壤的化学和物理性质（Denslow，1987）。然而，针对百里杜鹃林区不同地理位置的林窗与林下土壤重金属含量差异仍缺乏了解，因此，本研究的目的是：①观察小林窗扰动对杜鹃林不同坡位和坡度小林窗及林下土壤性质的影响；②确定最重要的土壤性质并揭示小林窗和林下土壤性质之间的关系；③确定小林窗和林下植物种类组成与环境因素（如地形和土壤性质）之间的关系；④评估不同海拔、坡位和坡度林窗的百里杜鹃天然森林土壤中重金属As[①]、Cr、Pb、Zn、Cd、Hg、V、Fe、Ni、Mn的浓度差异及影响；⑤揭示重金属与土壤性质的复杂关系，分析重金属的来源，揭示土壤化学性质和地形因子对污染物分布的影响；⑥评价研究区土壤重金属的生态风险。这将为百里杜鹃景区生态安全、经济生态持续发展及林区野生杜鹃林窗的天然更新提供科学参考。

5.1 不同坡位小林窗的土壤化学特征

不同坡位的林窗中TN、TP、TK和AK的浓度均高于林下对照，而上坡位的林窗中HN和AP的含量均小于林下，林窗中的Ca含量和C/P也低于林下样地（表5-1）。中坡位表层土壤AK（$t=3.16$，$P=0.01$）含量显著高于林下，而C/P（$t=-2.51$，$P=0.03$）显著低于林下，其他土壤性质无显著差异（$P>0.05$）。随着坡位的上升，SOC含量在林窗中增加，但在林下含量减少。

[①] As为类金属，因其特征与重金属类似，本研究将其按重金属处理

表5-1 不同坡位小林窗的土壤化学特征

化学性质	小林窗 (n=3∶5∶7)			林下 (n=3∶7∶5)		
	下坡位	中坡位	上坡位	下坡位	中坡位	上坡位
SWC/%	38.69±5.60	40.94±4.08	39.28±3.24	38.65±6.42	42.17±3.07	41.71±4.11
pH	4.91±0.41	4.22±0.21	4.41±0.16	5.19±0.99	4.01±0.08	4.05±0.10
SOC/(g/kg)	80.59±6.06	102.12±20.35	118.69±17.42	130.41±63.01	113.48±14.14	112.05±20.95
TN/(g/kg)	5.47±2.44	4.48±1.62	6.23±1.76	3.75±2.29	3.80±1.70	5.25±1.11
HN/(mg/kg)	44.95±9.18	46.40±10.69	46.61±4.67	40.00±6.11	38.72±4.52	52.45±12.68
TP/(g/kg)	0.60±0.11	0.73±0.12	0.72±0.07	0.53±0.10	0.55±0.09	0.56±0.12
AP/(mg/kg)	0.57±0.20	0.69±0.18	0.54±0.31	0.35±0.13	0.82±0.40	0.65±0.23
TK/(g/kg)	3.34±0.12	3.38±1.08	3.33±0.67	3.13±0.36	3.27±0.70	3.17±0.60
AK/(mg/kg)	50.99±2.06	53.74±1.83a	45.66±2.90	38.70±4.27	44.30±2.14b	43.19±2.22
C/N	25.41±12.85	35.75±12.28	44.19±16.91	41.46±9.93	60.44±15.57	25.94±8.26
N/P	8.15±2.54	5.75±1.79	8.96±2.92	6.11±2.77	6.51±2.12	11.96±3.91
C/P	143.91±26.97	141.28±20.17a	172.52±25.92	218.60±69.43	217.44±21.06b	218.45±41.45
Ca/(g/kg)	2.63±1.05	1.20±0.27	1.62±0.37	2.77±0.89	1.25±0.24	1.92±0.60
Mg/(g/kg)	1.91±0.12	1.61±0.42	2.17±0.42	1.75±0.11	1.89±0.42	1.98±0.35
Na/(g/kg)	0.99±0.05	1.88±1.03	1.27±0.29	0.97±0.03	2.26±0.92	1.32±0.33

注：表中同一行用不同字母标记的数据（平均值±标准差）差异显著（$P \leq 0.05$），未标记的数据差异不显著（$P>0.05$）

5.2 不同坡度小林窗的土壤化学特征

5.2.1 不同坡度小林窗和林下土壤化学物质分布

林窗中TP、TK和AK的浓度高于相同坡度林下，而AP的浓度和C/P低于林下（表5-2），表明不同坡度的小林窗表层土壤中有足够的AK来促进植物生长。根据显著性差异检验，中坡度林窗表层土壤中TP含量（t=2.34，P=0.048）和AK（t=3.67，P=0.006）明显高于林下，而C/P（t=−2.75，P=0.025）明显小于林下；其他土壤性质无显著差异（$P>0.05$）。随着坡度的增加，林下土壤SOC、TN、TP和Na含量持续下降，而中坡度林窗中的SOC含量趋于增加。此外，t检验结果表明，林窗表层土壤AK（t=2.87，P=0.008）含量显著高于林下，而C/P（t=−2.52，P=0.018）显著低于林下（图5-1A和B）；其他土壤性质无显著差异（$P>0.05$）。

表5-2 不同坡度小林窗的土壤化学特征

坡度	小林窗 (n=5∶5∶5)			林下 (n=6∶5∶4)		
	缓坡	中坡度	陡坡	缓坡	中坡度	陡坡
SWC/%	39.04±4.48	43.54±3.87	36.57±2.73	43.49±3.71	39.64±4.15	40.15±6.32
pH	4.45±0.20	4.34±0.26	4.55±0.29	4.02±0.09	4.01±0.06	4.92±0.76
SOC/(g/kg)	107.36±24.78	124.79±13.27	84.49±14.98	129.91±28.47	117.86±16.08	94.26±27.65
TN/(g/kg)	5.45±1.52	7.60±2.05	3.44±1.65	6.82±1.66	2.64±1.09	2.48±1.05
HN/(mg/kg)	41.76±5.02	57.04±8.99	39.83±5.95	48.23±9.97	40.41±7.28	40.49±7.30
TP/(g/kg)	0.72±0.07	0.81±0.10a	0.56±0.07	0.64±0.11	0.50±0.08b	0.46±0.05
AP/(mg/kg)	0.28±0.15	1.01±0.35	0.48±0.18	0.44±0.08	1.07±0.56	0.53±0.25
TK/(g/kg)	3.91±0.85	3.20±1.10	2.93±0.21	3.84±0.78	2.76±0.71.	2.84±0.32
AK/(mg/kg)	44.53±3.50	53.76±1.71a	49.97±2.51	41.90±2.85	42.75±2.46b	44.24±2.75
C/N	41.07±20.79	28.93±13.56	42.87±13.93	24.37±7.36	60.15±11.21	57.56±24.48
N/P	7.69±2.26	10.15±3.65	5.34±1.82	12.14±3.22	5.44±2.03	5.91±2.88
C/P	151.03±28.42	159.91±19.59a	158.21±31.69	212.29±39.84	243.87±23.42b	194.26±38.24
Ca/(g/kg)	1.76±0.54	1.77±0.42	1.52±0.63	1.38±0.18	1.63±0.66	2.56±0.72
Mg/(g/kg)	2.56±0.50	1.51±0.37	1.73±0.22	2.34±0.40	1.49±0.32	1.74±0.27
Na/(g/kg)	1.44±0.39	1.84±1.04	0.97±0.07	2.21±0.95	1.56±0.76	1.06±0.15

注：表中同一行用不同字母标记的数据差异显著（P≤0.05），未标记的数据差异不显著（P＞0.05）

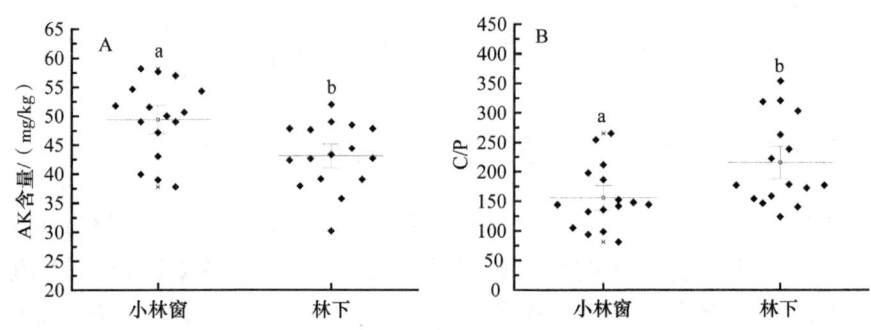

图5-1 小林窗与林下土壤AK和C/P
同一土壤性质用不同字母标记的数据差异显著（P≤0.05）

5.2.2 小林窗与林下土壤性质之间的相关性

小林窗导致天然杜鹃林中土壤性质存在差异（图5-2A和B）。TN-TP、AK-AP、SWC-AP、TN-HN、TP-Na、HN-N/P和C/N-C/P在表层林窗中呈正相关，而

第 5 章 贵州百里杜鹃不同林窗的土壤理化性质

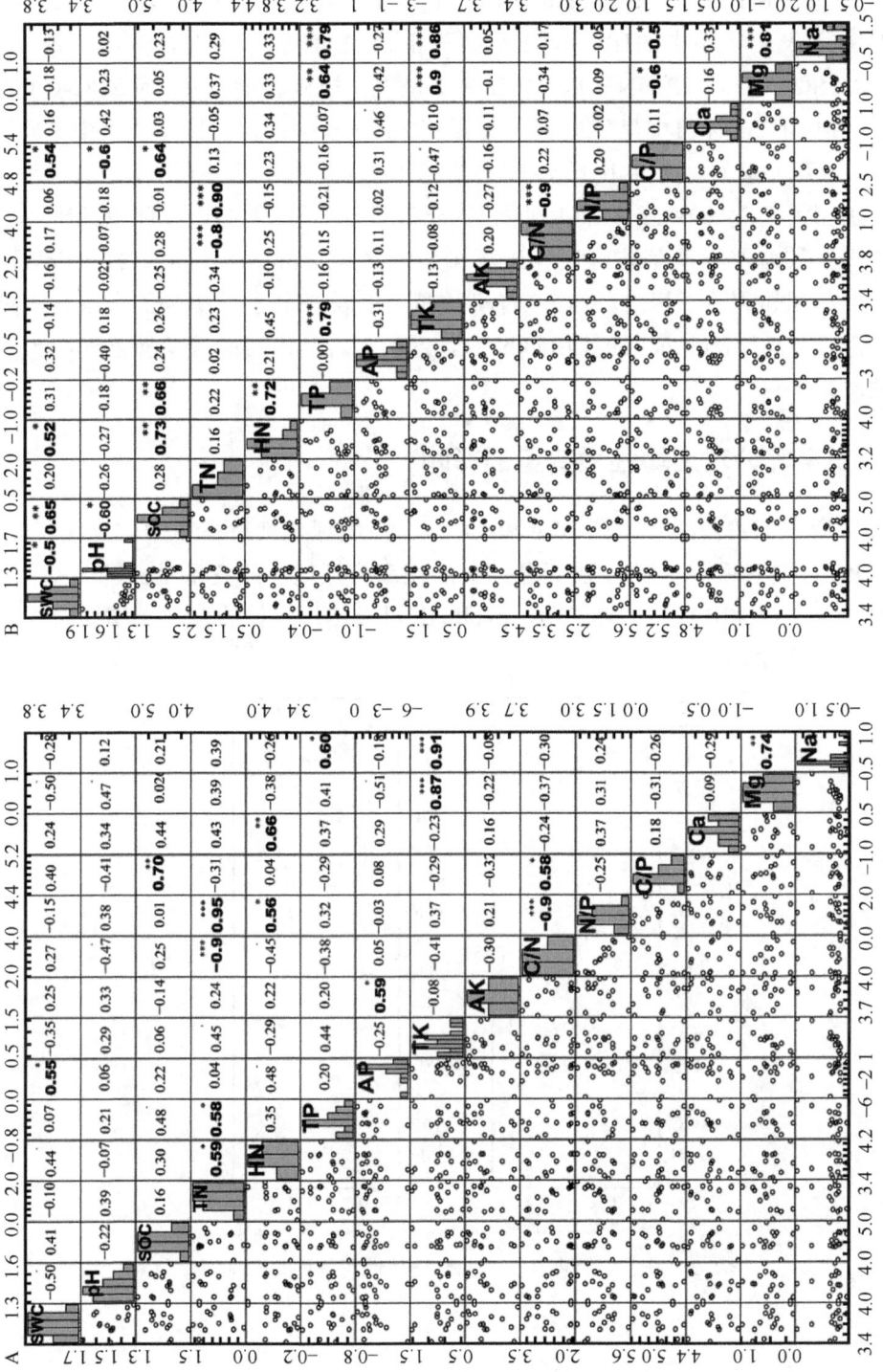

图5-2 小林窗和林下土壤性质之间的相关性

*$P<0.05$，**$P<0.01$，***$P<0.001$。A. 小林窗；B. 林下，基于Pearson相关分析

pH-SWC、pH-SOC、pH-C/P、Na-C/P和Mg-C/P在林下呈负相关（$P<0.05$）。SOC与林下表层土壤中的HN和C/P呈显著正相关（$P<0.05$）。SOC-SWC、SOC-TP、SOC-HN、TP-HN和TP-Mg在林下呈现出极显著正相关，而SOC-C/P、HN-Ca和Mg-Na在林窗中呈现出极显著正相关（$P<0.01$）。林窗土壤中C/N与N/P呈极显著负相关，而林下土壤 TP与TK及Na呈极显著正相关，Mg和Na也呈极显著正相关（$P<0.001$）。森林小林窗在天然杜鹃林中能够造成环境异质性，包括改变光照水平、凋落物深度和土壤微生物（Whitmore，1989；Denslow，1987）。与相邻的林下相比，林窗具有明显更强的太阳辐射、更高的土壤含水量和土壤温度（Scharenbroch and Bockheim，2007），从而可能改变林窗表层土的土壤性质。

5.2.3 土壤养分对土壤性质变量的影响

根据变量重要性测量（图5-3A和B），在土壤理化性质指标中，土壤pH、AK、TP是小林窗和林下的重要变量。最能提高模型精度的变量是pH和AK，然后是TP（图5-3A和B）。结果表明，pH和AK对天然杜鹃林的表层土壤性质影响较大，其次是TP。

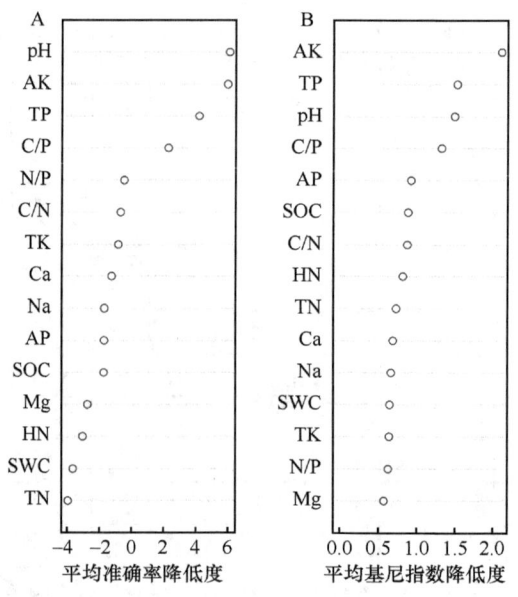

图5-3 基于随机森林模型的土壤属性变量重要性排序

5.2.4 小林窗和林下样地植物种类与环境因子的关系

分析表明，小林窗前两轴的特征值分别为0.708和0.576，前两轴的物种-环境相关系数分别为0.998和0.999（图5-4A），表明物种沿测量的环境梯度分离。典范对应分析（CCA）的前两轴累计解释了44.1%的物种数据方差和46.9%的物种-环境关系方差。第一轴与坡位有很强的正相关性，与海拔和pH呈负相关，第二轴与坡度具有更强的正相关性，并且与pH和Ca具有负相关性。土壤pH、Ca和海拔是重要的环境因素，对确定小林窗植物物种的空间分布有显著贡献（图5-4A）。与pH呈正相关的林窗植物物种包括云南樟（*C. glanduliferum*）、金丝桃（*H. monogynum*）、板栗（*C. mollissima*）和映山红（*R. simsii*）。而露珠杜鹃（*R. irroratum*）、迷人杜鹃（*R. agastum*）和茅栗（*C. seguinii*）与pH、海拔呈负相关（图5-4A）。杜鹃种类在较低海拔林窗和较低pH区域较为丰富，其土壤SOC和AP较高。

根据林下分析结果，前两轴的特征值分别为0.871和0.687，前两轴的物种-环境相关系数分别为0.998和0.999（图5-4B）。CCA的前两轴累计解释了50.4%的物种数据方差和56.7%的物种-环境关系方差。第一CCA轴与pH和TP呈强正相关，与pH呈弱负相关。第二轴与环境变量坡位之间的相关性为负，而与SOC含量显著正相关。土壤Na、TP、TK、Mg和pH是影响林下植物物种空间分布与丰

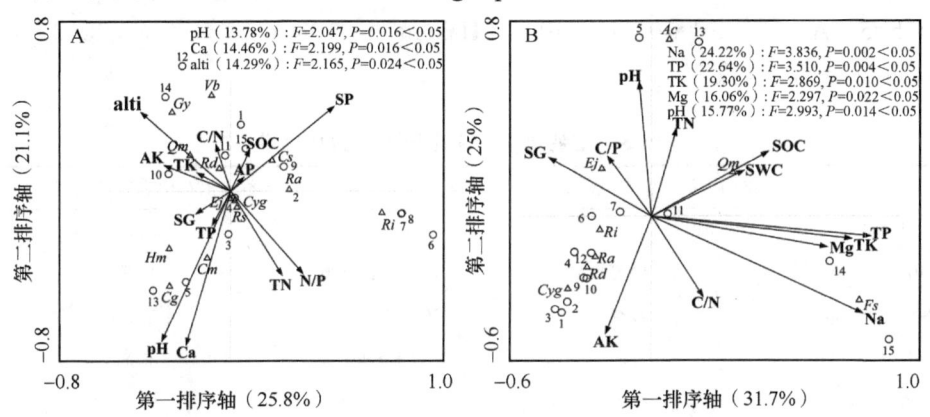

图5-4 小林窗及林下物种与环境因子的典范对应分析

A. 小林窗；B. 林下。三角形代表物种；圆圈代表采样点。数字1~15代表采样点编号。alti. 海拔；SG. 坡度；SP. 坡位。青冈*Cyg-Cyclobalanopsis glauca*；金丝桃*Hm-Hypericum monogynum*；板栗*Cm-Castanea mollissima*；滇白珠*Gy-Gaultheria yunnanensis*；南烛*Vb-Vaccinium bracteatum*；板栎*Qm-Quercus michauxii*；马缨杜鹃*Rd-Rhododendron delavayi*；露珠杜鹃*Ri-Rhododendron irroratum*；迷人杜鹃*Ra-Rhododendron agastum*；映山红*Rs-Rhododendron simsii*；茅栗*Cs-Castanea seguinii*；柃木*Ej-Eurya japonica*；云南樟*Cg-Cinnamomum glanduliferum*；楤木*Ac-Aralia chinensis*；箭竹*Fs-Fargesia spathacea*

度的重要环境变量。与Na、TP、TK和Mg正相关的林下样地植物包括箭竹（*F. spathacea*）。相比之下，迷人杜鹃（*R. agastum*）、马缨杜鹃（*R. delavayi*）、露珠杜鹃（*R. irroratum*）和青冈（*C. glauca*）与Na、TP、TK、Mg、pH呈负相关（图5-4B）。在较低的Na、TP、TK、Mg和pH地区的杜鹃林下，杜鹃种类较多，其表土中的AK含量很高。

5.3 林窗土壤重金属风险评价标准

运用潜在生态危害指数（potential ecological risk index，RI）评价林窗与林下重金属的潜在生态风险（Håkanson，1980），公式为

$$\mathrm{RI} = \sum_{t=1}^{n} E_r^i = \sum_{t=1}^{n} T_r^i C_f^i = \sum_{t=1}^{n} T_r^i \frac{C_s^i}{C_n^i}$$

式中，RI为多种金属的潜在生态危害指数；E_r^i为第i种重金属的潜在生态风险指数；T_r^i为第i种元素的毒性系数；C_f^i为第i种重金属的累积系数；C_s^i为第i种重金属的实测浓度值；C_n^i为贵州省土壤的第i种重金属背景值。

贵州省土壤重金属Zn、Mn、V、Cr、Ni、Pb、As、Cd和Hg的含量背景值（mg/kg）分别为99.5、529、138.8、95.5、39.1、35.2、20、0.66和0.110（国家环境保护总局，1990）；T_r^i为第i种元素的毒性系数（Zn=Mn=1，V=Cr=2，Ni=Pb=5，As=10，Cd=30，Hg=40）（Håkanson，1980；徐争启等，2008），评价标准分级见表5-3。

表5-3 重金属潜在生态风险的分级标准

E_r^i分级	单项污染物生态风险危害等级	RI分级	综合潜在生态风险危害等级
$E_r^i \leq 40$	低	RI≤150	低
$40 < E_r^i \leq 80$	中等	150<RI≤300	中等
$80 < E_r^i \leq 160$	较高	300<RI≤600	较高
$160 < E_r^i \leq 320$	高	RI>600	很高
$E_r^i > 320$	很高		

将坡位用数字等级制进行划分，下坡赋值1、中坡赋值2、上坡赋值3，其他数据采用实测值（张忠华等，2011）。采用单因素方差分析（one-way ANOVA）和多重比较（LSD）分析不同地理位置的林窗与林下土壤重金属差异。土壤重金属之间的相关性采用Pearson相关系数进行分析。上述统计分析在SPSS 19.0软

件中进行。重金属的分布及其与土壤性质和地形因子之间的关系采用冗余分析（redundancy analysis，RDA）（Zhao et al.，2014），由软件CANOCO 4.5完成。

5.4　不同海拔梯度林窗土壤重金属特征

高海拔林窗的土壤重金属As平均含量高于林下和中低海拔的林窗，显著高于低海拔的林下（表5-4），但高、低海拔林下As、Zn含量变化一致，表明林窗的形成改变了森林土壤重金属As、Zn的积累和分布特征。中海拔的林下土壤重金属Cr含量高于同海拔林窗，高于低海拔林窗。但是中海拔林窗的土壤重金属Zn含量显著高于高海拔的林下，其他重金属含量均无显著差异。此外，不同海拔林窗的土壤重金属Pb和Zn含量高于同海拔的林下，低海拔林窗的土壤Hg、Mn、As、Ni和V平均含量也高于林下，因为研究区多位于旅游路线附近，车辆产生的粉尘和尾气经过沉降导致林窗地表铅含量较高（Zehetner et al.，2009），不同海拔的林窗使重金属更易进入森林表层土壤。随着海拔升高，林窗土壤中的Hg、As和V含量持续增大，而林窗土壤中的Cr和林下Pb、Zn持续减少，平均含量均在高海拔达到最低，与庐山南坡不同海拔森林的土壤重金属Zn、Pb含量增加的结论不一致（丁园等，2013），林窗土壤Cd、Fe、Mn、Ni和Zn含量先增加后减小，林下土壤As、Cr、Fe、Ni、V也呈现相同变化趋势，平均含量在中海拔

表5-4　百里杜鹃不同海拔林窗的土壤重金属特征

	林窗			林下		
	低海拔	中海拔	高海拔	低海拔	中海拔	高海拔
As/（mg/kg）	3.50±2.62ab	6.40±7.65ab	11.86±8.83a	1.49±1.48b	6.90±7.40ab	0.67±11.66ab
Cd/（mg/kg）	0.34±0.19	0.58±0.26	0.46±0.29	0.47±0.31	0.26±0.25	0.58±0.32
Cr/（mg/kg）	50.41±14.41ab	44.58±20.26ab	40.87±34.57ab	22.04±8.89a	67.44±58.39b	46.22±21.30ab
Hg/（mg/kg）	0.67±0.37ab	0.84±0.58ab	1.00±0.28a	0.41±0.07b	0.83±0.25ab	1.02±0.56a
Mn/（mg/kg）	244.66±310.92	464.86±795.82	100.05±40.67	158.48±103.56	87.91±43.32	100.38±49.87
Fe/（g/kg）	15.14±5.55	24.32±19.83	23.79±19.79	15.85±4.53	28.36±21.84	20.66±9.70
Ni/（mg/kg）	15.27±5.42	15.79±5.21	12.70±5.14	14.30±4.39	16.42±10.51	8.64±3.11
Pb/（mg/kg）	32.27±24.05	25.35±14.03	39.26±25.76	30.01±12.32	21.66±7.11	19.86±8.19
Zn/（mg/kg）	38.89±11.75ab	45.69±31.07a	39.01±20.81ab	35.77±16.58ab	30.33±13.58ab	21.51±7.14b
V/（mg/kg）	55.87±16.22	78.14±60.66	79.56±62.00	55.40±13.54	118.06±102.52	75.86±42.81

注：同一行不同字母标记的数据差异显著（$P \leq 0.05$）；林窗、林下样点数分别是15（5∶5∶5）和15（5∶5∶5）

达到最高。此外，不同海拔林窗和林下的土壤重金属Cd（中海拔林下除外）平均含量超过GB 15618—2018的筛选值，中海拔林窗的Cd平均含量是筛选值的1.92倍，污染严重，而中海拔林下未超标。

5.5 不同坡位和坡度林窗土壤重金属特征

研究区上坡位的林窗土壤重金属Zn的平均含量高于林下和中、下坡位的林窗，显著大于中坡的林下，其余重金属含量均无显著差异（表5-5），与下坡位沉积区可溶性Zn增加相比不一致（Tsui et al., 2004）。在相同坡位，林窗土壤重金属Mn和Ni含量都高于林下，在下坡位的林窗中，土壤Cd、Cr、Fe、V和Hg含量也高于林下，而在上坡位则是重金属Fe、Hg、Cr、Pb和Zn高于林下。随着坡位上升，林窗土壤重金属Fe、Pb、V和Zn含量持续增加，而林下土壤中只有Cd、Ni持续上升，这可能与车辆排放量增加有关，特别是当车辆上坡（主要在上部和中部）时，与土壤重金属（Pb、Cd和Zn）含量升高相关（Fedorova et al., 2007），含有重金属的排放物通过林窗更易进入表层土。林窗土壤As、Cr、Mn、Ni和Hg先减少后增加，林下Mn、Pb和Zn呈现相同变化趋势，而林下Cr、Fe、V和Hg呈先增加后减少，平均含量均在中坡达到最高。与GB 15618—2018的筛选值相比，中坡位林窗与林下土壤Cd平均含量分别是筛选值的2.33倍和1.43

表5-5 不同坡位林窗的土壤重金属特征

	林窗			林下		
	下坡位	中坡位	上坡位	下坡位	中坡位	上坡位
As/（mg/kg）	11.23±12.93	5.04±5.36	7.13±6.23	11.33±15.55	5.99±7.41	3.87±4.02
Cd/（mg/kg）	0.47±0.14	0.61±0.28	0.35±0.24	0.31±0.27	0.43±0.27	0.52±0.40
Cr/（mg/kg）	59.92±9.19	32.38±24.69	48.24±23.60	24.09±4.82	52.75±54.34	47.40±18.76
Hg/（mg/kg）	0.92±0.50	0.78±0.38	0.83±0.48	0.71±0.46	0.82±0.55	0.69±0.24
Mn/（mg/kg）	320.62±392.16	91.84±68.25	375.25±670.07	194.40±43.49	76.73±39.12	122.71±89.60
Fe/（g/kg）	17.76±1.42	20.82±21.98	22.89±15.91	16.66±2.76	23.56±19.96	21.89±8.02
Ni/（mg/kg）	13.03±6.44	12.98±3.15	16.40±5.67	12.74±5.28	12.80±8.47	13.79±7.57
Pb/（mg/kg）	25.73±2.88	33.91±23.44	33.96±25.37	33.49±13.16	20.69±8.05	22.48±8.33
Zn/（mg/kg）	30.41±6.72ab	37.63±17.76ab	48.37±26.37a	33.99±15.68ab	26.23±12.06b	30.50±16.24ab
V/（mg/kg）	58.88±2.28	72.76±65.39	75.35±50.34	57.43±4.89	95.47±92.65	81.21±37.77

注：同一行不同字母标记的数据差异显著（$P \leq 0.05$）；林窗、林下样点数分别是15（3∶5∶7）和15（3∶7∶5）

倍，下坡位林窗与林下土壤Cd平均含量分别是筛选值的1.57倍和1.03倍，中坡位与下坡位土壤Cd污染较严重。

在中坡度的林窗，土壤重金属Zn的含量显著高于林下，也高于缓坡的林窗和林下，其他重金属均无显著差异（表5-6），这与Zn在坡度5°~15°时含量最大的报道一致（楚纯洁和周金风，2014）。在相同的坡度，林窗土壤Mn和Ni含量均高于林下。缓坡林窗土壤重金属V、Cd、Cr、Hg和Fe平均含量低于林下，可能是由于林窗土壤的低pH增加了重金属的迁移能力，以及林窗土壤的较强淋溶作用共同导致（Khan et al.，2008；袁新田等，2011），但是林窗As、Pb和Zn含量高于林下，而且随着坡度的升高，林窗As、Cr、Fe和V含量持续下降，林下As、Ni、Fe和V含量也持续下降，林窗土壤Cd、Hg、Mn、Ni和Zn含量先增加后减少，平均含量在中坡度最高，而林下Cr、Mn和Zn含量呈先减少后增加，平均含量在中坡度最低，林窗和林下土壤重金属As、Fe和V含量都呈递减趋势，林窗土壤中的Pb、Zn含量在中坡度与缓坡都高于林下和陡坡林窗，研究表明，在较缓和的中坡度和缓坡位置，外来物质因坡度减缓而不断堆积，逐渐增加了土壤的重金属含量（孙丽等，2008），林窗富集更明显。此外，与GB 15618—2018的筛选值相比，中坡度林窗与林下土壤Cd平均含量分别是筛选值的2.13倍、1.63倍，陡坡林窗与林下土壤Cd平均含量分别是筛选值的1.43倍、1.03倍，中坡度和陡坡林窗存在较为严重的污染。

表5-6 不同坡度林窗的土壤重金属特征

	林窗			林下		
	缓坡	中坡度	陡坡	缓坡	中坡度	陡坡
As/（mg/kg）	9.15±9.87	6.57±7.43	6.04±5.39	8.73±10.67	7.24±8.38	1.69±1.69
Cd/（mg/kg）	0.31±0.26	0.64±0.29	0.43±0.10	0.47±0.37	0.49±0.31	0.31±0.23
Cr/（mg/kg）	56.83±20.48	41.76±23.56	37.26±25.18	61.18±54.49	33.82±21.39	35.58±23.81
Hg/（mg/kg）	0.77±0.33	0.93±0.54	0.81±0.45	0.79±0.31	0.92±0.63	0.50±0.09
Mn/（mg/kg）	135.66±91.10	460.79±798.46	213.11±313.18	133.86±81.62	78.51±43.42	134.53±88.28
Fe/（g/kg）	27.20±17.43	20.44±22.02	15.88±2.85	28.65±16.65	18.25±14.39	15.30±3.47
Ni/（mg/kg）	14.60±6.51	15.81±4.95	13.35±4.37	13.66±9.27	13.65±7.19	11.65±4.88
Pb/（mg/kg）	36.70±27.22	40.08±21.70	20.10±7.86	21.64±6.72	22.69±10.74	28.60±13.63
Zn/（mg/kg）	44.37±18.56ab	50.78±29.22a	28.44±6.75ab	30.09±16.47ab	25.80±12.23b	32.14±13.01ab
V/（mg/kg）	88.19±55.85	67.73±66.89	57.66±5.26	113.02±83.85	70.65±61.57	53.83±11.95

注：同一行不同字母标记的数据差异显著（$P \leqslant 0.05$）；林窗、林下样点数分别是15（5∶5∶5）和15（6∶5∶4）

5.6 森林土壤重金属含量的相关性

森林土壤重金属含量的相关性可以确定其来源是否相同。若含量具有相关性，说明来源相同的概率很大；若没有相关性，则说明来源较为复杂（陈新闯等，2015）。由表5-7可得，Cr-Fe、Cr-V、Fe-V、Mn-Zn、Hg-As均在林窗和林下呈较强的正相关（$P<0.01$），这些元素具有同源性和很好的共生组合性。林窗土壤重金属Mn-Ni（$P<0.01$）、Zn-Ni（$P<0.01$）和Pb-Zn（$P<0.05$）具有较强的正相关，而林下则是Cr-Ni（$P<0.05$）、Fe-Ni（$P<0.01$）、Ni-Zn（$P<0.01$）、Ni-V（$P<0.01$）呈显著正相关，这些元素在林窗与林下可能具有不同来源和很好的共生组合性。此外，林窗和林下土壤重金属的相关性比较弱，仅有As-As和Ni-Ni显著相关（$P<0.05$），表明林窗对森林的干扰可能导致不同来源组类型的土壤重金属在杜鹃林不同位置的积累发生变化，其形成机制和过程有待进一步分析研究。

表5-7 林窗与林下土壤重金属之间相关系数

		林窗									
		As	Cd	Cr	Fe	Mn	Ni	Pb	V	Zn	Hg
林下	As	**0.530***	−0.009	−0.069	0.224	0.102	−0.103	−0.282	0.174	−0.181	0.723**
	Cd	−0.022	**−0.390**	−0.287	−0.037	−0.277	−0.321	0.075	−0.058	−0.159	0.062
	Cr	−0.111	−0.236	**0.113**	0.752**	−0.13	0.548*	−0.088	0.792**	0.239	−0.035
	Fe	−0.208	−0.010	0.676**	**−0.005**	0.229	0.673**	−0.244	0.984**	0.477	0.004
	Mn	−0.192	0.164	0.165	−0.106	**0.116**	0.419	0.107	0.170	0.683**	−0.264
	Ni	−0.468	−0.260	0.440	0.434	0.646**	**0.558***	0.059	0.649**	0.771**	−0.241
	Pb	−0.060	−0.004	0.087	−0.131	0.104	−0.073	**−0.005**	−0.205	0.320	−0.458
	V	−0.225	−0.030	0.666**	0.995**	−0.097	0.451	−0.139	**0.042**	0.454	0.022
	Zn	−0.162	0.019	0.387	0.254	0.674**	0.622*	0.528*	0.268	**0.431**	−0.395
	Hg	0.836**	−0.049	−0.125	−0.192	−0.281	−0.455	0.016	−0.214	−0.209	**0.100**

*显著相关（$P<0.05$）

**极显著相关（$P<0.01$），林窗和林下样点个数均为15

5.7 地形和土壤因子对重金属的影响

冗余分析（RDA）是一种受约束的排序形式，其检验一组变量中的变化在多大程度上解释了另一组变量中的变化（Zhao et al.，2014）。如图5-5所示，土壤性质及地形因子变量在第一、第二轴分别解释63.7%、20.6%的重金属变量，大约84.3%的重金属分布可以被选定的土壤性质和地形因子解释，表明土壤性质、地形因子影响了林窗、林下重金属的分布与组成。其中，Mg（F=10.61，P=0.002）、海拔（F=3.89，P=0.004）、Ca（F=1.27，P=0.020）与林窗、林下土壤重金属含量显著相关（$P<0.05$），其他土壤性质、地形因子对重金属的影响不显著。林窗、林下的土壤重金属Cr、V、Fe与Mg、Na和坡位呈较强的正相关，表明镁氧化物是Cr的重要基质（王宇等，2014），同时多数样地距离旅游线路较近，特别是当车辆上坡（上部和中部）时，坡位变化引起的排放增加与土壤中重金属含量升高相关（Fedorova et al., 2007）。Cd、Hg、As与海拔和土壤有机质（SOM）也呈较强的正相关，和美国东北部森林地表土壤Hg含量与海拔相关（杜虎等，2016），以及舟山青浜岛东部、西部斜坡表层土壤重金属Cr、Pb浓度和污染程度随着海拔的升高而增加的结论类似（田文等，2016）。另外，SOM影响重金属的化学形态转换与吸收，从而影响其毒性和生物有效性（Martin and Kaplan, 1998）。土壤pH与重金属Mn、Ni、Zn也呈正相关，有研究表明，pH对土壤重金属的溶解度、迁移率和生物有效性有很大的影响，并影响重金属的分布，大多数重金属在酸性pH下趋于可用（Khan et al., 2008）。而土壤中的Ca和坡度分别与Pb呈较强的正相关，这可能是因为在偏酸性土壤环境中，Pb易与钙氧化物结合并在表层土壤中富集（王茜等，2016），土壤重金属含量增高。

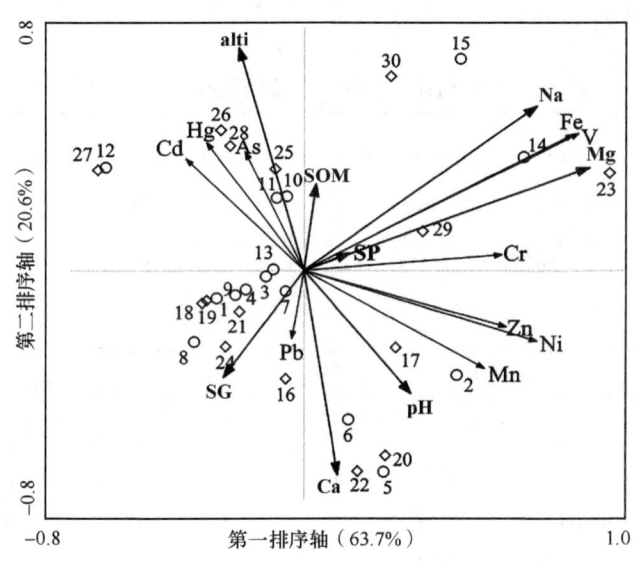

图5-5 土壤重金属含量与土壤性质及地形因子的关系

alti. 海拔；SG. 坡度；SP. 坡位，由冗余分析生成。圆圈代表林窗样点（1～15）；方块代表林下样点（16～30）

冗余分析最早应用于生态学领域，目前已经广泛地应用于各领域（刘羽霞等，2017），也有人将其用于研究重金属含量与土壤理化性质之间的关系，并揭示了土壤性质对污染物分布的影响（Zhang et al.，2012；Zhao et al.，2014），冗余分析的优点是能直观地显示各地形因子和土壤性质对重金属的解释程度。

5.8 森林林窗土壤潜在生态风险评价

林窗土壤重金属单项潜在生态风险的大小依次为：Hg＞Cd＞Pb＞As＞Ni＞V＞Cr＞Mn＞Zn；林下为Hg＞Cd＞Pb＞As＞Ni＞V＞Cr＞Zn＞Mn。土壤重金属Hg的潜在生态风险很高，林窗和林下土壤重金属Hg的潜在生态风险较高的样点数量均为3（1、3、5；17、19、20）；到达高风险的样点数量分别为6（2、6、9、12、14、15）和7（16、21、22、23、24、25、29）；其他样点均达到很高风险，分别是样点4、7、8、10、11、13和18、24、26、27、28（表5-8）。此外，林窗和林下土壤Cd的潜在生态风险较高的样点为15、21、26、29。其余重金属的单项潜在生态风险均为低风险，但是林窗中只有土壤重金属Ni、V的潜在风险低于林下，其余为林窗高于林下。与GB 15618—2018的筛选值相比，林窗与林下土壤Cd平均含量分别是筛选值的1.53倍、1.47倍；林窗样点土壤Pb、Hg和Cd含量超标率分别为13%、13%和87%，林下样点Hg和Cd含量超标率为7%、60%，林窗超标程度更为严重。

表5-8 林窗和林下土壤重金属的潜在生态风险因子

元素	林窗				林下			
	样地数	Er范围	Er均值	单因子生态风险污染程度	样地数	Er范围	Er均值	单因子生态风险污染程度
As	15	0.28～12.80	3.63	低	15	0.11～14.59	3.18	低
Cr	15	0.08～1.93	0.95	低	15	0.2～3.53	0.95	低
Mn	15	0.08～3.51	0.51	低	15	0.07～0.52	0.22	低
Ni	15	1.16～2.97	1.87	低	15	0.64～5.43	2.43	低
Pb	15	1.28～11.67	4.59	低	15	1.57～6.91	3.39	低
V	15	0.39～2.70	1.03	低	15	0.38～3.89	1.2	低
Zn	15	0.16～0.94	0.41	低	15	0.1～0.53	0.29	低
Cd	14	1.32～37.82	19.2	低	12	1.27～28.14	14.46	低
Cd	1	44.59	44.59	中等	3	40.50～42.00	41.17	中等

续表

元素	林窗				林下			
	样地数	Er范围	Er均值	单因子生态风险污染程度	样地数	Er范围	Er均值	单因子生态风险污染程度
Hg	3	127.27~151.27	135.39	较高	3	128~137.09	133.33	较高
Hg	6	187.27~300.73	237.4	高	7	160.36~258.91	211.32	高
Hg	6	341.82~667.64	452.37	很高	5	328.73~682.91	448	很高
RI		6.21~5053.07	336.88	较高		3.28~4591.02	306.08	较高

5.9 讨论与展望

5.9.1 不同地形林窗干扰对土壤性质的影响

小林窗促进了中坡位天然杜鹃林的养分循环,并改变了表层土壤的养分组成。林窗土壤AK含量显著高于林下对照,而C/P明显低于林下。中坡位林窗的土壤SOC平均含量比林下低10.02%。此外,随着坡位上升,SOC含量在林窗中增加,但在林下样地减少。森林林窗提高了土壤有机质分解和矿化的速率,导致养分含量增加(Scharenbroch and Bockheim,2008)。然而,中坡位林窗土壤的TP平均含量比林下高32.73%。这可能导致林窗C/P明显低于林下。中坡位林窗的表层土壤pH比林下高5.24%,可提高土壤钾素可用性(pH≤6.5)(Bates and Johnston,1991),增加土壤中AK含量。

不同坡位的林窗中TN、TP、TK和AK的浓度均高于林下,而上坡位林窗的水解氮和有效磷的含量均低于林下。林窗土壤中Ca的浓度和C/P小于林下。不同坡位的土壤性质受土壤发育程度和淋溶过程的影响显著(Tsui et al.,2004)。在上坡位,林窗土壤水解氮和AP含量较低,可能是由于较强的淋溶(Arunachalam and Arunachalam,2000)和较弱的黏土淀积作用(Tsui et al.,2004)。相关性分析还表明,SWC与林窗中的AP呈正相关($P<0.05$)(图5-2A),且在林下样地与SOC呈正相关($P<0.01$)(图5-2B)。林窗土壤中SWC平均含量比林下小3.87%。然而,土壤水解氮与林下的Ca($P<0.01$)和C/P呈正相关($P<0.001$)(图5-2A)。Ca部分来自土壤母质,较强的淋溶导致较低的土壤Ca(Tsui et al.,2004)和林窗中的C/P,特别是土壤阴离子的淋溶迁移损失,如硝酸盐或磷酸盐(Scharenbroch and Bockheim,2007)在坡顶林窗表现尤为严重。

林窗的形成改善了天然杜鹃林中坡位的土壤营养结构。林窗表层土壤中TP

和AK含量明显高于林下，林窗表层土壤C/P显著低于林下，可能受到有机质的分解和天然杜鹃林坡隙中土壤酸度降低的影响。中坡度林窗土壤的SOC平均含量比林窗高5.88%，而TP平均含量比林下高62%，从而可能导致林窗土壤C/P显著下降。中坡度林窗中的土壤pH比林下高8.23%，这可以提高P和K的可用性（Behera and Shukla，2015）。林窗表土中TP含量的显著增加可能还受到其他因素的影响，如有机质和凋落物的分解等。

小林窗中土壤TP、TK和AK的浓度高于相同坡位的林下，这与缓坡样地因较厚的土壤促进TP、TK、AP和AK逐渐积累的结论不一致（Zhang et al.，2014）。小林窗增加了微环境光因子的异质性（Quinn and Thomas，2015），改变了土壤温度和湿度，促进了森林林窗中的水分蒸发和凋落物分解，林窗形成木也可能在森林林窗形成后减少吸收营养（Arihafa and Mack，2013），改善了天然杜鹃林中高坡位的土壤养分结构。林窗中土壤AP的浓度和C/P低于林下，这可能是由于林窗中的凋落物覆盖较薄因此淋溶作用相对较强（Arunachalam and Arunachalam，2000）。我们的结果显示，SWC在林下与林窗中的AP（$P<0.05$）和SOC（$P<0.01$）呈正相关。森林林窗的SWC平均含量比林下低3.87%，表明养分流失与林窗中的淋溶有很强的关联，林窗中的养分流失与植物根系的养分吸收增加有关（Scharenbroch and Bockheim，2007）。

5.9.2 小林窗对天然杜鹃林土壤性质的影响

小林窗显著增加了土壤AK含量并降低了土壤C/P。同样，小林窗中的土壤AK含量高于格氏栲（*Castanopsis kawakamii*）天然林林下的土壤AK含量（He et al.，2015）。森林林窗可能提高了土壤有机质分解和矿化的速率，因为在小林窗的腐殖矿化过程中，枯枝落叶的矿化过程占主导地位（Muscolo et al.，2011），导致养分水平增加（Zhu et al.，2003；Scharenbroch and Bockheim，2008）。林窗表层土的SOC平均含量低于林下10.27%，林窗土壤AK含量比林下高15.44%，TP含量比林下高25.45%。此外，SOC与林窗中的C/P呈显著正相关（$P<0.01$）（图5-2A）。野外调查显示，在天然杜鹃林林下，枯枝落叶的积累和分解受到限制。一些研究报道表明，太阳辐射、温度和湿度条件通常会在林窗形成后发生变化（Özcan and Gökbulak，2015），这可能会加速枯枝落叶的分解，而小尺度林窗形成后可能会导致淋溶的增强（Hu et al.，2016），在杜鹃林中，导致土壤中SOC和其他营养物质的积累减少。

pH、AK、TP是解释小林窗和林下土壤性质空间分布的重要变量。林窗中的平均pH比林下高4.5%，可能增加了林窗表土中的AP和AK含量，因为在pH接近6.5时P和K的可用性较高（Bates and Johnston，1991）。土壤pH也影响土壤有机质及其相关过程的形式和可用性，包括微生物活动和生物生长（Özcan and Gökbulak，2015）。此外，pH、AK和TP与杜鹃林表土中的其他土壤性质显示出非常显著的关系（图5-2A和B）。pH在林下表层土壤中与SOC、SWC和C/P呈显著负相关，林窗表层土壤中的AK与AP、TP与Na呈显著正相关（$P<0.05$）。林下土壤TP-SOC、TP-Mg之间呈现出良好正相关（$P<0.01$），林下土壤TP-TK、TP-Na之间呈现出良好正相关（$P<0.001$）。

林窗形成后，杜鹃植物化感作用的影响不容忽视。酚酸类是杜鹃属物种释放的主要化感物质，并且杜鹃凋落物中酚酸含量较高（李朝婵等，2015）。土壤表层的凋落物分解逐渐改变了土壤酸度和酚酸含量（梁晓兰等，2008），林窗形成的微环境促进了凋落物的分解，可能导致林窗表层土壤酚酸含量高于林下，而酚酸是重金属（锰、铁和铝）的强络合剂，它们的协同效应导致溶解的重金属和养分（有机质、氮和磷）在小林窗表土中沉积或吸附（Inderjit and Mallik，1997）。杜鹃的化感作用限制了杜鹃幼苗的养分吸收，不利于杜鹃在林窗中的生长和再生更新。相反，低土壤pH可能破坏了酚类化合物的羟基与土壤颗粒之间的氢键，这有利于酚酸从表土中解吸（Young，1984）。因此，林下土壤中的磷酸盐和林窗中的土壤钾浓度均增加，并且环状菌根真菌可以增加杜鹃根中的养分吸收（Wurzburger and Hendrick，2007），这可能促进杜鹃在林窗中的生长。

森林林窗对土壤性质的影响是一个复杂的过程（Scharenbroch and Bockheim，2007）。土壤性质的变化也与发育阶段、枯枝落叶厚度及其分解速率、根生物量的回归及其他因素有关（Griffiths et al.，2010；He et al.，2015）。有研究表明，土壤性质受到森林林窗的影响显著，其林窗大小对土壤性质的影响不如林窗年龄（Hu et al.，2016）。此外，最大的细菌和真菌种群及微生物生物量有助于在小林窗中更均衡、快速地转换有机质与营养物（Muscolo et al.，2007）。小林窗扰动对土壤性质的影响也可能受到树干大小干扰，以及土壤母质和土壤风化环境的影响。

5.9.3 植物种类与环境变量之间的关系

CCA表明，环境变量对于确定小林窗和林下植物物种的空间分布非常重要。前两个CCA轴累计解释了物种-环境关系中46.9%（林窗）和56.7%（林下）的变化，表明沿土壤-地形梯度观察到木本植物物种的良好分散（Dalle et al.，

2014)。海拔与植物物种呈正相关,海拔可能导致土壤和光资源的强烈分异,影响温度和降水的重新分配(Sisira et al.,2008),可能导致物种分布的差异。杜鹃(马缨杜鹃和露珠杜鹃)在低海拔和低pH区域的林窗中更为丰富。同样,杜鹃树种的生长与温带森林的pH和海拔升高有很好的联系(Bharali et al.,2014),最适宜的土壤pH为4.5～5.5(Reiley,1995)。然而,林下植物物种与Na^+、TP、TK、Mg^{2+}和pH密切相关。在具有较低pH和Na^+、TP、TK、Mg^{2+}含量的林下,杜鹃物种更为丰富,而不是直接受土壤pH、海拔、有机质和土壤湿度的影响(Esen,2000;Bharali et al.,2014;Dalle et al.,2014)。张春雨等(2006)的研究也表明,在阔叶红松林林窗中,植物物种多样性和丰度与林窗内的土壤-地形梯度显著相关(Oliveira-Filho et al.,1998)。

5.9.4 林窗土壤重金属与杜鹃林环境之间的关系

前人研究表明,土壤中的重金属含量过高,尤其是重金属Hg、Cd过高会损坏植物进行光合作用的叶绿体,造成植物生理生化方面的障碍,导致植物根系吸收水分和养分的总量降低(严重玲等,1997;Fojtová and Kovařík,2000)。持续的森林土壤重金属含量过高,会严重地破坏与污染周边森林,引起森林的生物多样性降低、森林的生产服务功能减弱、生态系统失衡等问题(Zehetner et al.,2009)。重金属还能够在森林土壤或动物体内富集,产生不同程度的毒害,如Pb和Cd损害动物肾的功能、雄性的繁殖能力,甚至降低林区动物的丰度和多样性(Santiago et al.,1998;Holmstrup et al.,2011)。随着重金属在食物链中的富集和迁移,最终危害人类的身体健康,而且对于林窗对重金属富集的干扰也缺少认知。有研究表明,百里杜鹃中心花区的土壤重金属Cd含量较高,林下土壤中镉的潜在生态风险也很高。但是,之前的研究主要集中于污染的现状调查、马缨杜鹃和露珠杜鹃林下土壤重金属污染与富集评价及煤矿区土壤重金属污染方面(僮祥英和吉玉碧,2011;乙引等,2016),目前仍缺少对百里杜鹃林区野生杜鹃群落林窗与林下区域重金属分布特征的调查评价研究。研究百里杜鹃林区土壤重金属的积累水平、来源识别、潜在生态风险对于维持该区域的生态环境安全、持续健康发展具有重要现实意义。

本研究中林窗明显加重了重金属在表层土壤中的累积,这可能由于林窗形成木减少了对重金属的富集,研究表明,杜鹃对Pb、Cd、Zn具有较高的富集能力,杜鹃属植物富集的浓度达禾本科植物的2倍以上(Zu et al.,2005)。百里杜鹃的露珠杜鹃和马缨杜鹃叶片对土壤重金属的富集能力为Mn>Zn>Ni>Cd(乙引等，2016）。同时，杜鹃属植物根系与一些真菌在自然生境下形成的部分菌根真菌可以溶解含有不同重金属的矿物质（Vallino et al.，2005），植物富集和菌根吸收可能降低了林下土壤重金属的浓度与生态风险。同时，综合潜在风险也是林窗高于林下。因此，林窗的出现增加了百里杜鹃天然杜鹃林表层土壤重金属的潜在生态风险，这可能与旅游及采煤活动、煤炭燃料使用和交通运输有关（李峰等，2016；李三中等，2017；Sun et al.，2010）。

此外，重金属污染是长期积累的结果，这对该地区的生态系统和居民的健康有很大的潜在风险（Gao et al.，2013），尤其是林窗土壤重金属Hg、Cd存在较高的潜在生态风险，与僮祥英和吉玉碧（2011）的研究结果一致。通常情况下，森林距离公路越近，其土壤中的重金属含量越高，其土壤重金属含量随着距离的增加呈指数型下降的变化趋势（Zehetner et al.，2009），此外，研究区地下煤炭储量丰富，如样点14、15、29、30土壤中含有煤矸石，由煤矸石、生活垃圾等向林区环境释放的重金属也可能影响土壤重金属在林窗和林下的分布。

5.10 本章小结

在百里杜鹃的天然杜鹃林中，小林窗改善了部分表土的养分结构，促进了凋落物的分解，加速了养分循环。土壤TP、TK、AK在不同坡位和坡度的含量均有所提高；小林窗中AK含量显著增加，林下表层土壤C/P显著下降。在中坡位林窗中检测到土壤AK含量显著较高，土壤C/P较低。中坡度林窗表层土壤TP和AK含量显著增加，土壤C/P下降。土壤pH和AK是影响土壤性质空间分布的重要变量，其次是TP。

小林窗增加了杜鹃林的物种多样性，为植物生长和再生提供了良好的表土微环境。土壤pH、Ca和海拔是决定小林窗物种空间分布的重要环境因素，土壤Na、TK、TP、Mg和pH在林下影响较大。此外，杜鹃种类与小林窗的土壤pH和海拔密切相关，而与林下土壤Na和TK不相关。

与国家标准筛选值相比，林窗与林下土壤Cd平均含量分别是筛选值的1.53倍、1.47倍，林窗超标程度更为严重。林窗干扰增加了Pb、Hg和Cd在林区表层土壤的富集。林窗土壤Pb和Zn平均含量高于同海拔的林下，林窗土壤Hg、As、V和林下Hg含量随着海拔升高而持续增大，而林窗土壤Cr与林下土壤的Pb、Zn持续减少。林窗土壤重金属Mn、Ni的含量都高于同坡位和坡度的林下。此外，林窗和林下土壤重金属相关性弱，仅有As-As和Ni-Ni显著相关。

林窗的出现增加了研究区土壤的潜在生态风险。林窗土壤中只有Ni的单项潜在风险低于林下，林窗的综合潜在生态风险高于林下；林窗和林下样点的Hg、Cd均达到较高风险程度，其余重金属处于低生态风险水平。因此，在研究区内土壤重金属的污染防治及杜鹃群落的林窗更新研究中应对Hg、Cd污染和林窗的干扰给予重视。

第6章　贵州百里杜鹃林窗更新研究

林窗形成后改变了森林局部环境，创造出具有异质性的林窗微环境，影响森林的动态发展和物种多样性组成，林窗增加了生境多样性、物种多样性，提高了植物种子的存活水平（Pickett and White，1985；Gray et al.，2012；Zhang et al.，2016）。林窗为森林内植物种子萌发和幼苗生长创造了良好环境，有利于森林群落的更新。胡蓉等（2011）研究了川西人工云杉林林窗对云杉种子萌发和幼苗存活的促进作用，天然播种和去凋落物播种均在林窗中心幼苗萌发数量最多，因此认为可采取人工林窗播种措施促进更新，但凋落物覆盖是影响人工云杉林更新的不利因素。在林窗物种的更新过程中，环境因子的影响比较大，既有积极的促进作用，又有阻碍种子萌发和幼苗生长的障碍因子（Dai，1996；臧润国等，1999；朱教君等，2008）。在植物的不同生长期，同一种环境因子的作用也有差异。吴小琪等（2019）探讨了林窗环境对栲幼苗建成阶段的影响，在整个幼苗建成期内，大、中尺度的林窗更有利于栲幼苗定居，栲幼苗早期受种子储存能量的影响大于林窗，后期主要依赖林窗的光照环境。百里杜鹃林区杜鹃林下杜鹃幼苗幼树稀少，在林窗中则多见，而杜鹃每年的结实量大，故种子不是主要的限制因子，是什么因素造成这种更新差异的现象？它们是否也影响林窗中其他植物的更新？

近年来，为延长百里杜鹃花期及景观效果，林区进行大面积播种二月兰（*Orychophragmus violaceus*）。陆叶等（2016）的研究表明，在百里杜鹃种植二月兰，对增加百里杜鹃的空间层次结构、景观观赏效果及延长景区观赏时间具有积极作用。二月兰，又称诸葛菜，植株高度在50~100cm，花期为每年的3~5月；张开艳等（2015）的研究发现，在马缨杜鹃林下种植二月兰并不影响其生长。前人对野生杜鹃的研究主要集中在实验室种子萌发和幼苗的发育过程方面，尚未涉及野外林窗的种子模拟萌发实验研究。为探讨林窗对二月兰种子萌发和幼苗生长存在的影响，通过实地探查，选择具有代表性的林窗样地播种二月兰种子模拟野外林窗与林下发芽实验，并统计不同坡向和坡位的野生杜鹃幼苗的分布状况，结合二月兰发芽存活情况等指标，分析杜鹃幼苗的分布特征及二月兰实生苗的生长发育与环境因子之间的关系。2018年5月，在百里杜鹃普底与金坡景区不同海拔、坡度、坡位、坡向（阴坡和阳坡）共调查林窗40个，同时在林窗附近（<8m）采集一个林下样地作为对照，在每个样点（面积为1m^2）均播种二月兰

种子200颗，播种时去除表层枯落物、杂草。播种之前在室内花盆中进行播种实验，种子能正常发芽，且长势良好。2018年8月，统计二月兰成苗数量。

6.1　林窗大小对二月兰实生幼苗分布特征的影响

林窗大小是林窗的主要特征，它影响着林窗内的阳光、温度和土壤水分等环境因子的空间分配（臧润国等，1999；González et al.，2014；Ni et al.，2018）。林窗形成后，为种子的萌发创造了良好条件，促进了植物种子的萌发（朱教君等，2008；Zhang et al.，2016）。根据实地调查结果，分析发现，林窗中由种子自然萌发形成的杜鹃幼苗共有208棵，为调查杜鹃幼苗总数的97.65%，在林下样地仅发现5棵杜鹃幼苗，占总数的2.35%。通过人工播种的二月兰种子在林窗中共发芽成苗432棵，占二月兰发芽总数的72%；而林下有168棵二月兰实生幼苗，占总数的28%，表明林窗的形成促进了杜鹃及二月兰种子的萌发和幼苗的生长。

根据林窗面积大小将林窗分为4类（图6-1），从图6-1可以看出，<50m² 林窗的杜鹃幼苗和二月兰实生幼苗数量均比较大，分别是其总数的56.34%和62.83%。面积>300m²林窗的杜鹃苗最少，与实生杜鹃苗不同，100～200m²林窗的二月兰实生幼苗最少，表明幼苗的数量受到林窗面积大小的影响。

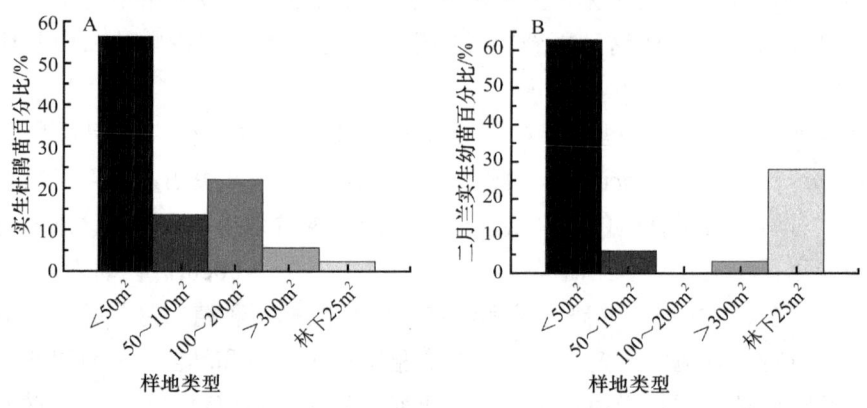

图6-1　不同林窗大小杜鹃与二月兰实生幼苗的数量分布

林下25m²作为对照

6.2　林窗大小对二月兰实生幼苗生长环境因子的影响

林窗大小对林窗土壤pH、含水率、温度、温度差、凋落物厚度、光照强度影响显著（表6-1）。在林窗之间，D林窗土壤pH显著大于A、B林窗，D林窗表层坡度和土壤含水率显著低于A、B、C林窗，A林窗表层土壤温度和光照强度均显著小于B林窗，且A林窗中表层土壤温度还显著小于C和D林窗（$P<0.05$）。除此之外，土壤温度还在林窗与林下间存在显著差异。D林窗表层土壤pH、含水率显著低于林下，A、B、C和D林窗中土壤温度和光照强度也显著大于林下，与之相反，林下凋落厚度显著大于A、B、C和D林窗（$P<0.05$）。随着林窗面积增加，林窗土壤pH、石砾含量呈现增加趋势，而林下凋落物厚度呈现下降趋势。

表6-1　林窗大小对二月兰实生幼苗生长环境因子的影响

环境因子	$<50m^2$（A）	$50\sim100m^2$（B）	$100\sim200m^2$（C）	$>300m^2$（D）	林下$25m^2$
pH	4.00±0.09a	4.14±0.30ab	5.1±0.70bc	5.72±1.11c	4.09±0.15a
石砾含量/%	0.24±0.04	0.24±0.06	0.30±0.10	0.43±0.11	0.25±0.03
含水率/%	0.34±0.02a	0.37±0.03a	0.27±0.03a	0.24±0.03b	0.31±0.01a
温度/℃	19.54±0.55a	21.75±0.94b	25.5±0.65de	23.67±1.76be	16.85±0.23c
温度差/℃	3.04±0.42a	4.25±0.84a	7.5±0.87b	7.33±2.03b	
坡度/（°）	15.86±1.54a	15±3.13a	20.5±3.71a	2.67±0.88b	16.31±1.21a
凋落物厚度/cm	3.11±0.68a	2.29±1.32a	1±0.56a	1±0.56a	7.08±0.65b
光照强度/lx	7410.42±1412.57a	12734.88±2787.39b	9160±3499.99ab	12073.33±5739.34ab	1162.89±262.91c
光照强度差/lx	6984.46±1283.82	10044.88±2036.26	7782.5±3363.92	13686.67±3449.76	

注：字母A、B、C、D分别代表地表不同大小的林窗。同一行不同字母表示差异显著，无字母标记表示无显著差异，显著水平$P<0.05$。温度差=林窗表层土壤温度−林下表层土壤温度；光照强度差=林窗地表光照强度−林下地表光照强度

6.3　坡度对林窗二月兰实生幼苗生长环境因子的影响

不同坡度林窗杜鹃和二月兰实生幼苗统计见图6-2，林窗中杜鹃幼苗数为中坡度＞陡坡＞缓坡，林窗中陡坡二月兰数量最多，是林窗与林下总数的56.31%，林下实生杜鹃苗较少，不同坡度数量仅是总数的2.35%，林下不同坡度二月兰实生幼苗也较少，为总数的26.28%，随着坡度的上升，林窗与林下二月兰实生幼苗数量均呈现增加趋势。

林窗表层土壤坡度对林窗表层土壤温度差与凋落物厚度的影响显著（表6-2）。缓坡林窗表层土壤温度差显著高于中坡度和陡坡林窗，中坡度林窗凋落物厚度显著高于缓坡林窗（$P<0.05$）。随着坡度从缓坡向陡坡的变化，林窗表层土壤温

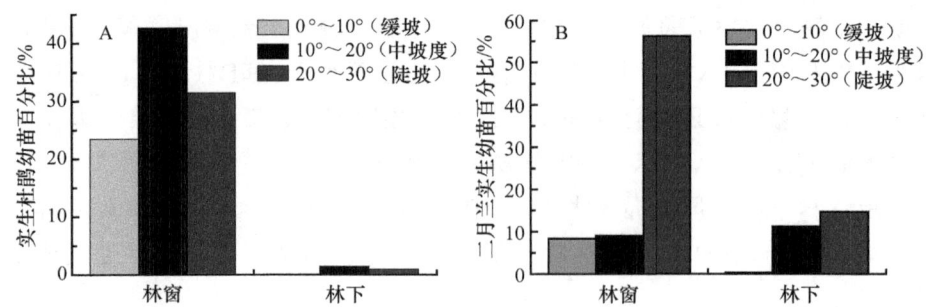

图6-2 不同坡度林窗杜鹃和二月兰实生幼苗统计（彩图请扫封底二维码）

表6-2 不同坡度对林窗二月兰实生幼苗生长环境因子的影响

环境因子	缓坡	中坡度	陡坡
pH	4.57±0.41	4.16±0.19	4.18±0.21
石砾含量 /%	0.25±0.06	0.20±0.04	0.26±0.03
含水率 /%	0.33±0.03	0.33±0.02	0.33±0.02
土壤温度 /℃	22.6±0.92	20.54±0.88	20.19±0.83
温度差 /℃	6±0.88a	3.54±0.73b	3.31±0.55b
凋落物厚度 /cm	1.2±0.35a	4.09±1.14b	2.32±0.77ab
光照强度差 /lx	9965.4±1882.21	7460.69±1831.77	7908.31±1621.05
光照强度 /lx	8882±2282.19	9133.85±2164.01	9064.31±1917.15

注：同一行不同字母表示差异显著，无字母标记表示无显著差异，显著水平$P<0.05$。温度差=林窗表层土壤温度-林下表层土壤温度；光照强度差=林窗地表光照强度-林下地表光照强度

度和林窗林下土壤温度差均呈现减小趋势，土壤含水率变化微小。

经分析，在不同土壤表层坡度的林窗中（表6-3），表层土壤温度和光照强度均是林窗显著高于林下对照，在缓坡和陡坡林窗中表层凋落物厚度显著低于林下样点（$P<0.05$），其他环境因子均没有显著差异。在缓坡和陡坡林窗中，表层土壤pH和含水率均大于林下，此外，缓坡和中坡度的林窗土壤石砾含量均大于林下，表明坡度对缓坡和中坡度林窗土壤表层环境的影响更明显。

表6-3 坡度对林窗与林下二月兰实生幼苗生长环境因子的影响

环境因子	缓坡		中坡度		陡坡	
	林窗	林下	林窗	林下	林窗	林下
pH	4.57±0.41	4.11±0.46	4.16±0.19	4.24±0.27	4.18±0.21	3.96±0.13
石砾含量 /%	0.25±0.06	0.19±0.05	0.23±0.05	0.22±0.05	0.32±0.05	0.32±0.04

续表

环境因子	缓坡		中坡度		陡坡	
	林窗	林下	林窗	林下	林窗	林下
含水率 /%	0.33±0.03	0.29±0.02	0.33±0.02	0.34±1.14	0.33±0.02	0.29±0.02
温度 /℃	22.6±0.92a	16.6±0.27b	20.54±0.88a	17±0.47b	20.19±0.83a	16.88±0.38b
凋落物厚度 /cm	1.2±0.35a	8.6±1.14b	4.09±0.1.14	5.92±0.1.21	0.5±0.22a	5±1.38b
光照强度 /lx	8882±2282.19a	510.6±189.49b	9133.85±2164.01a	1673.15±472.08b	9064.31±1917.15a	1156±486.48b

注：同一行不同字母表示差异显著，无字母标记表示无显著差异，显著水平$P<0.05$。温度差=林窗表层土壤温度-林下表层土壤温度；光照强度差=林窗地表光照强度-林下地表光照强度

6.4 坡向对林窗二月兰实生幼苗生长环境因子的影响

不同坡向林窗杜鹃、二月兰实生幼苗统计见图6-3，林窗与林下样点的杜鹃和二月兰实生幼苗数量都高于阴坡林下。其中阳坡林窗杜鹃实生幼苗数量是阴坡林窗的13.33倍，为实生杜鹃幼苗总数的88.17%；阳坡林窗二月兰实生幼苗数量是阴坡林窗的7.93倍，是二月兰实生幼苗总数的65.87%。与此相似，阳坡林下样点的实生杜鹃与二月兰数量两者都高于阴坡林下，坡向对杜鹃、二月兰实生幼苗的生长与分布影响较大。

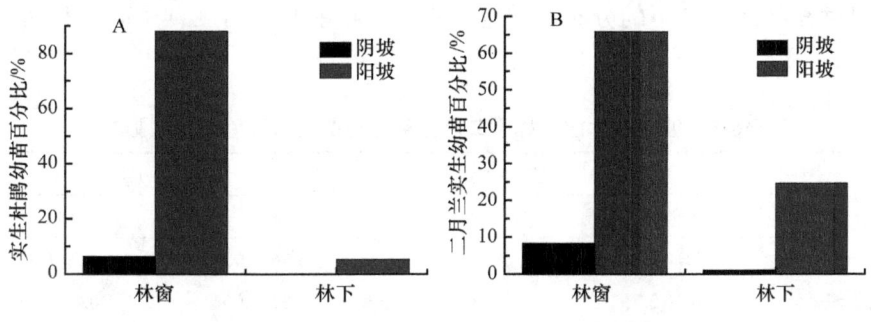

图6-3 不同坡向林窗杜鹃、二月兰实生幼苗统计

坡向可以改变光照和降水等环境因子的地理空间分布变化，进一步影响温度等环境因子的空间分配（范泽孟等，2011）。经分析，在林窗中，阴坡林窗土壤温度、表层凋落物厚度、光照强度、温度差和光照强度差均低于阳坡林窗，而表层土壤含水率显著高于阳坡林窗（$P<0.05$）（表6-4）。此外，阳坡林窗土壤pH也高于阴坡林窗。这些结果表明，坡向显著影响表层土壤含水率、土壤温度、凋落物厚度、光照强度在林窗中的分布（$P<0.05$）。

表6-4 坡向对林窗二月兰实生幼苗生长环境因子的影响

环境因子	阴坡	阳坡
pH	3.76±0.06	4.01±0.09
石砾含量 /%	0.33±0.06	0.20±0.03
含水率 /%	0.38±0.02a	0.29±0.02b
温度 /℃	16.67±0.17a	21.65±0.50b
温度差 /℃	1.44±0.18a	4.15±0.46b
坡度 /（°）	19.67±2.24	16.7±1.65
凋落物厚度 /cm	2.16±0.58a	5.62±1.24b
光照强度 /lx	3 846.67±1 031.79a	12 066.95±1 717.21b
光照强度差 /lx	3 611.56±965.00a	10 483.6±1 506.11b

注：同一行不同字母表示差异显著，无字母标记表示无显著差异，显著水平 $P<0.05$。温度差=林窗表层土壤温度-林下表层土壤温度；光照强度差=林窗地表光照强度-林下地表光照强度

阳坡林窗中表层光照强度与土壤温度显著高于阳坡林下（表6-5），而林窗表层凋落厚度显著低于阳坡林下（$P<0.05$）。凋落物厚度变小可能是因为阳坡林窗的光照强度和温度高于林下，林窗可以调控土壤的水热环境和分解者的群落结构，这可能引起林窗中凋落物的分解加速，凋落物厚度变小（郭彩虹等，2018）。在阴坡，林窗与林下各环境因子均无显著差异，表明坡向显著影响了光照、温度在林窗和林下的分布，并进一步影响杜鹃与二月兰种子萌发和幼苗的生长分布。

表6-5 坡向对林窗、林下二月兰实生幼苗生长环境因子的影响

环境因子	阳坡		阴坡	
	林窗	林下	林窗	林下
pH	4.02±0.09	4.09±0.23	3.76±0.06	4.29±0.40
石砾含量 /%	0.20±0.03	0.25±0.04	0.33±0.06	0.27±0.07
含水率 /%	0.29±0.02	0.28±0.01	0.38±0.02	0.35±0.0.03
土壤温度 /℃	21.65±0.50a	16.75±0.34b	16.67±0.17	16.56±0.0.34
凋落物厚度 /cm	2.16±0.58a	9.05±1.45b	5.63±1.24	7.56±1.54
光照强度 /lx	12 066.95±1 717.21a	1 076.85±427.19b	3 846.67±1 031.79	1 325.11±549.66

注：同一行不同字母表示差异显著，无字母标记表示无显著差异，显著水平 $P<0.05$。温度差=林窗表层土壤温度-林下表层土壤温度；光照强度差=林窗地表光照强度-林下地表光照强度

6.5 坡位对林窗二月兰实生幼苗生长环境因子的影响

对不同坡位样点实生幼苗统计分析，如图6-4所示，林窗实生杜鹃幼苗数量、林下实生杜鹃幼苗数量及林下实生二月兰数量均是中坡位最多，分别是其幼苗总数的64.47%、3.95%和19.79%，而林窗二月兰实生幼苗数量下坡位最多，有353棵，是二月兰实生幼苗总数的60.86%。随着林窗由上坡位向下坡位变化，林窗实生杜鹃幼苗数量先增加后略有减少，林下对照的杜鹃和二月兰也呈现这种趋势，而林窗二月兰呈现增加趋势，表明播种二月兰的实验在一定程度上模拟了杜鹃在林窗和林下的种子萌发及幼苗生长变化。

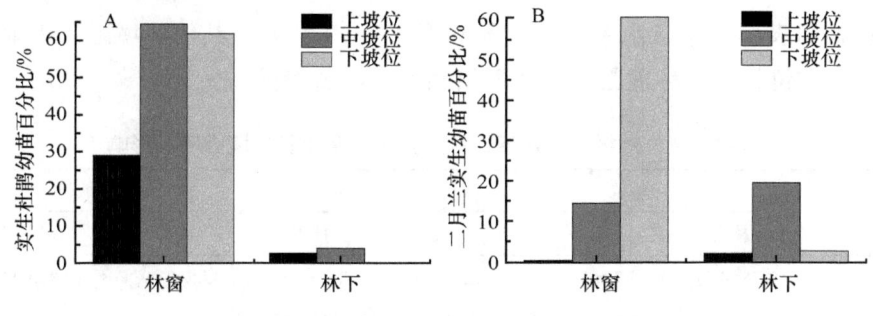

图6-4 不同坡位林窗杜鹃和二月兰实生幼苗统计

根据调查测定结果（表6-6），下坡位林窗的表层土壤pH显著高于上坡位和中坡位林窗，而下坡位表层土壤含水率显著低于上坡位林窗，中坡位林窗的表层土壤温度显著高于上坡位和下坡位林窗（$P<0.05$），其他环境因子无显著差异。随着坡位从上往下变化，林窗土壤pH、石砾含量、光照强度呈现增加趋势，土壤含水率呈现减少趋势，为二月兰实生幼苗在下坡位分布创造了良好的环境条件，相比之下，林窗土壤温度和表层坡度呈现先增加后降低的趋势，为杜鹃幼苗在中坡位分布创造了良好的环境条件。

表6-6 坡位对林窗二月兰实生幼苗生长环境因子的影响

环境因子	上坡位	中坡位	下坡位
pH	3.75±0.07a	3.85±0.09a	4.21±0.13b
石砾含量 /%	0.21±0.07	0.25±0.05	0.26±0.05
含水率 /%	0.38±0.02a	0.32±0.02ab	0.29±0.02b
温度 /℃	18±0.69a	20.83±0.98b	20.11±0.70a
温度差 /℃	2.29±0.36	3.92±0.69	2.67±0.41

续表

环境因子	上坡位	中坡位	下坡位
坡度/(°)	18.29±2.50	20±2.32	15.11±1.80
凋落物厚度/cm	4.83±1.14	2.85±1.13	2.9±1.08
光照强度/lx	7 198.57±2 327.57	9 354.92±2 310.11	10 380±2 719.28
光照强度差/lx	6 592±2 059.19	8 276.87±1 187.54	7 902.33±1 912.38

注：同一行不同字母表示差异显著，无字母标记表示无显著差异，显著水平$P<0.05$。温度差=林窗表层土壤温度-林下表层土壤温度；光照强度差=林窗地表光照强度-林下地表光照强度

环境因子在不同坡位表现出不同分布特征（表6-7），上坡位和中坡位林窗表层土壤温度与光照强度均显著高于林下，而凋落物厚度显著低于林下，此外，上坡位林窗表层土壤含水率显著高于林下（$P<0.05$），其他环境因子无显著差异。在下坡位林窗各环境因子与林下相比均无显著差异。

表6-7 坡位对林窗、林下二月兰实生幼苗生长环境因子的影响

环境因子	上坡位		中坡位		下坡位	
	林窗	林下	林窗	林下	林窗	林下
pH	3.75±0.07	3.70±0.11	4.21±0.13	4.66±0.37	3.85±0.09	3.78±0.07
含水率/%	0.38±0.02a	0.31±0.02b	0.29±0.02	0.30±0.03	0.32±0.02	0.30±0.02
石砾含量/%	0.21±0.07	0.29±0.05	0.26±0.05	0.28±0.07	0.25±0.05	0.27±0.05
温度/℃	18±0.69a	15.75±0.31b	20.11±0.70a	17.44±0.50b	20.83±0.98	16.92±0.50
坡度/(°)	18.29±2.50	17.57±1.07	15.11±1.80	15±2.31	12±2.32	11±2.02
凋落物厚度/cm	4.83±1.14a	9.13±1.26b	2.9±1.08a	5.25±0.75b	10±1.13	11±1.13
光照强度/lx	7 198.57±2 327.57a	534.5±260.27b	10 380±2 719.28a	1 306.22±472.68b	9 354.92±2 310.11	1 452.58±654.12

注：同一行不同字母表示差异显著，无字母标记表示无显著差异，显著水平$P<0.05$。温度差=林窗表层土壤温度-林下表层土壤温度；光照强度差=林窗地表光照强度-林下地表光照强度

6.6 讨论与展望

调查发现，林窗种子萌发形成的杜鹃苗为实生杜鹃幼苗总数的97.65%，林窗中二月兰种子萌发幼苗是二月兰实生幼苗总数的72%，林窗的形成促进了杜鹃及二月兰种子的萌发和幼苗的生长。

6.6.1　林窗大小对种子萌发幼苗生长环境的影响

林窗幼苗的数量和分布受到林窗面积大小的影响（韩文娟等，2012），面积＜50m²林窗的杜鹃和二月兰实生幼苗数量均比较大，分别是其总数的56.34%和62.83%。面积＞300m²林窗的杜鹃幼苗最少，而100～200m²的林窗二月兰实生幼苗最少。刘庆和吴彦（2002）、胡蓉等（2011）均发现，在大林窗中较高的温度为种子萌发创造了不利的环境条件，而适中的环境条件尤其是在小林窗（＜50m²）中幼苗的生长要好于大林窗，本研究也证实小林窗土壤温度和光照强度均低于面积＞50m²林窗。面积＞300m²林窗表层土壤pH显著大于林下，而不同尺度的林窗凋落物厚度和含水量显著小于林下。崔宁洁等（2014）研究发现，林窗中水分条件明显优于林下，与本研究结论一致，本研究采样时间为夏季，多降雨，大尺度林窗表层杂草繁茂，尽管表层坡度大于林下，但表层植物具有保水降低蒸发量的作用，并改造表层土壤的酸性，降低土壤酸度（李志安等，2005）。不同尺度的林窗凋落物厚度显著小于林下，可能是林窗改变了光照、温度等环境因子而促进了林窗表层凋落物的分解（吴庆贵等，2016）。

6.6.2　坡度对林窗种子萌发幼苗生长环境的影响

林窗幼苗的数量和分布受到林窗表层坡度的影响，林窗中实生杜鹃幼苗数为中坡度＞陡坡＞缓坡，中坡度杜鹃最多，研究表明，中坡度林窗光照强度高于缓坡和陡坡，为杜鹃幼苗的生长提供了足够的光照，其中的杜鹃幼苗数量多。而中坡度林窗凋落物厚度显著高于缓坡林窗，这主要是因为中坡度多数林窗处于形成初期，林窗尺度较小，杜鹃凋落物分解周期长，没有完全分解。林窗中陡坡二月兰数量最多，是林窗林下总数的56.31%，陡坡林窗表层土壤温度差低于中坡度和缓坡林窗，表明温度的波动不大，而适度的温度环境可以促进植物种子的萌发（李雪枫等，2016）。在不同坡度的林窗中，表层土壤温度和林窗表层光照强度均是林窗显著高于林下，在缓坡和陡坡林窗中表层凋落物厚度显著低于林下，缓坡表层土壤温度差显著高于中坡度和陡坡林窗，但是并未见到在缓坡有数量较多的杜鹃和二月兰实生幼苗，研究表明，温度条件恶劣可致使种子萌发困难（李兵兵等，2012），适合的环境条件有利于幼苗生长，可能是因为缓坡表层土壤温度波动大、光照不足，不利于种子的萌发和生长。

6.6.3 坡向对林窗种子萌发幼苗生长环境的影响

林窗幼苗的数量和分布受到坡向的影响（韩文娟等，2012），本研究中阳坡林窗实生杜鹃幼苗数量是阴坡林窗的13.33倍；阳坡林窗二月兰实生幼苗数量是阴坡林窗的7.93倍。有研究表明，阳坡小林窗幼苗根系的生长优于阴坡小林窗（韩文娟等，2013），阴坡小林窗促进了幼苗的生长发育，这是因为阳坡林窗中林窗表层土壤温度、凋落物厚度、光照强度、温度差和光照强度差均高于阴坡林窗，阳坡接收的太阳光照较多，林窗中温度升降都很快，变化范围广，可以为杜鹃、二月兰种子萌发和幼苗生长提供适合的温度、光照环境和土壤含水分，有助于植物根系扎根和植株生长。阳坡林窗中表层光照强度与土壤温度也显著高于林下，而林窗表层凋落厚度显著低于林下，较强的光照和较高的温度促进林窗微生物活动，加速了林窗中凋落物的分解，提高了土壤养分水平，为杜鹃和二月兰种子的着土萌发生长创造了条件（Norghauer and Newbery，2011），也减少了凋落物可能产生的化感物质对于林窗种子萌发的抑制（王贺新等，2008；胡蓉等，2011），此外，阳坡林窗土壤pH也高于阴坡林窗，提高了阳坡土壤养分的可用性（Bates and Johnston，1991；Behera and Shukla，2015），促进了阳坡林窗幼苗的生长。

6.6.4 坡位对林窗种子萌发幼苗生长环境的影响

林窗幼苗的数量和分布受到坡位的影响，林窗实生杜鹃幼苗数量为中坡位最多，因为中坡位林窗的表层土壤温度显著高于上坡位和下坡位林窗，为杜鹃种子的发芽创造良好的温度条件。上坡位林窗表层土壤含水率显著高于林下，上坡位和中坡位林窗表层土壤温度与光照强度均显著高于林下对照，但上坡位的杜鹃和二月兰实生幼苗均不是最多的，可能是因为上坡位林窗土壤表层光照强度大，温度高，凋落物厚度高于中坡位和下坡位林窗，保水保湿，土壤水分含量较高，不利于种子着土萌发和幼苗生长。王俊等（2008）对黧蒴锥（*Castanopsis fissa*）进行种子萌发实验，结果显示，在水分过量的条件下，凋落物覆盖会抑制种子萌发和幼苗早期生长，导致种子萌发率降低、幼苗死亡率提高。林窗二月兰实生幼苗数量下坡位最多，是二月兰实生幼苗总数的60.86%。下坡位林窗表层土壤pH显著高于上坡位和下坡位林窗，为二月兰的生长提供了良好的土壤酸性条件，较高的pH可以提高土壤养分的可利用性（Behera and Shukla，2015），有助于二月兰实生幼苗生长。

6.7 本章小结

林窗的形成促进了杜鹃及二月兰种子的萌发和幼苗的生长。林窗幼苗的数量和分布受到林窗大小、林窗表层坡度、坡向、坡位的影响。<50m²林窗的杜鹃和二月兰实生幼苗数量均比较大，>300m²林窗的杜鹃苗最少。林窗大小对林窗土壤pH、含水率、温度、温度差、凋落物厚度、光照强度的影响显著，面积<50m²林窗表层土壤温度和光照强度均小于>50m²林窗，>300m²林窗表层土壤pH、含水率和坡度显著大于林下。

林窗中不同土壤表层坡度实生杜鹃幼苗数为中坡度>陡坡>缓坡，陡坡二月兰数量最多，在土壤表层为陡坡的林窗中，表层土壤温度差低于中坡度和缓坡林窗，中坡度表层光照强度高于缓坡和陡坡林窗，中坡度林窗凋落物厚度显著高于缓坡林窗。在不同坡度表层土壤的林窗中，表层土壤温度和光照强度均是林窗显著高于林下，在缓坡和陡坡林窗中表层凋落物厚度显著低于林下。

阳坡林窗比阴坡林窗更有利于杜鹃和二月兰种子的萌发与幼苗的生长。阳坡林窗土壤温度、pH、凋落物厚度、光照强度、表层温度差和光照强度差均高于阴坡林窗，而阴坡林窗表层土壤含水率显著高于阳坡林窗。阳坡林窗中表层光照强度与土壤温度显著高于林下。研究显示，不同大小、坡度、坡向林窗表层凋落物厚度均显著低于林下。

林窗实生杜鹃幼苗数量是中坡位最多，而林窗二月兰实生幼苗数量下坡位最多。下坡位林窗表层土壤pH显著高于上坡位和中坡位林窗，而下坡位表层土壤含水率显著低于上坡位林窗，中坡位林窗的表层土壤温度显著高于上坡位和下坡位林窗。上坡位和中坡位林窗中表层土壤温度与光照强度均显著高于林下，而凋落物厚度显著低于林下，此外，上坡位林窗表层土壤含水率显著高于林下。

参 考 文 献

百里杜鹃管理区统计局. 2019. 百里杜鹃管理区2018年国民经济和社会发展统计公报. http://bldj.bijie.gov.cn/xxgk/zfxxgkml/tjxx/tjxx_5132958/201908/t20190814_8586919.html[2020-10-30].

曹春香, 倪希亮, 陈伟, 等. 2015. 森林地上生物量遥感诊断. 北京: 科学出版社.

陈娟, 白尚斌, 周国模, 等. 2014. 毛竹浸提液对苦槠幼苗生长的化感效应. 生态学报, 34(16): 4499-4507.

陈新闯, 郭建英, 董智, 等. 2015. 绿洲边缘新月形沙丘表层沉积物粒度与重金属分布特征. 环境科学学报, 35(11): 3662-3668.

陈训, 高贵龙, 邹天才. 2010. 地球彩带飘曳花园生机盎然: 贵州百里杜鹃国家级森林公园. 贵阳: 贵州科技出版社.

陈训, 巫华美. 2003. 中国贵州杜鹃花. 贵阳: 贵州科技出版社.

陈艳华. 2006. 湖南阳明山云锦杜鹃群落景观研究. 中南林业科技大学硕士学位论文.

楚纯洁, 周金风. 2014. 平顶山矿区丘陵坡地土壤重金属分布及污染特征. 地理研究, 33(7): 1383-1392.

崔宁洁, 刘洋, 张健, 等. 2014. 林窗对马尾松人工林植物多样性的影响. 应用与环境生物学报, 20(1): 8-14.

戴琳, 张丽, 王昆, 等. 2014. 蒙古高原植被变化趋势及其影响因素. 水土保持通报, 34(5): 218-225.

邓辉. 2014. 西南三江德钦-木里地区铜多金属遥感找矿信息研究. 成都理工大学博士学位论文.

丁园, 余小芬, 赵帼平, 等. 2013. 庐山不同海拔森林土壤中重金属含量分析. 环境科学与技术, 36(6): 197-200.

杜虎, 曾馥平, 宋同清, 等. 2016. 广西主要森林土壤有机碳空间分布及其影响因素. 植物生态学报, 40(4): 282-291.

范明毅, 杨皓, 黄先飞, 等. 2016. 典型山区燃煤型电厂周边土壤重金属形态特征及污染评价. 中国环境科学, 36(8): 2425-2436.

范泽孟, 岳天祥, 陈传法, 等. 2011. 中国气温与降水的时空变化趋势分析. 地球信息科学学报, 13(4): 526-533.

方瑞征, 闵天禄. 1995. 杜鹃属植物区系的研究. 云南植物研究, 17(4): 359-379.

傅银贞, 汪小钦, 江洪. 2010. 马尾松LAI与植被指数的相关性研究. 国土资源遥感, 22(3): 41-46.

盖颖颖, 范闻捷, 徐希孺, 等. 2011. 基于高光谱数据的呼伦贝尔草原花期物种识别和覆盖度估算. 光谱学与光谱分析, 31(10): 2778-2783.

高凌寒, 赵鹏祥, 张晓莉, 等. 2016. 基于Landsat影像的西宁市主城区土地利用动态分析及预测. 西北林学院学报, 31(6): 250-256.

管云云, 费菲, 关庆伟, 等. 2016. 林窗生态学研究进展. 林业科学, 52(4): 91-99.

郭彩虹, 杨万勤, 吴福忠, 等. 2018. 川西亚高山森林林窗对凋落枝早期分解的影响. 植物生态学报, 42(1): 28-37.

郭泺, 余世孝. 2005. 泰山风景区景观格局时空变化的研究. 应用生态学报, 16(4): 641-646.

国家环境保护总局. 1990. 中国土壤元素背景值. 北京: 中国环境科学出版社.

韩文娟, 何景峰, 张文辉, 等. 2013. 黄龙山林区油松人工林林窗对幼苗根系生长及土壤理化性质的影响. 林业科学, 49(11): 16-23.

韩文娟, 袁晓青, 张文辉. 2012. 油松人工林林窗对幼苗天然更新的影响. 应用生态学报, 23(11): 2940-2948.

韩永娇, 张威, 何红波, 等. 2012. 干湿交替条件下棕壤氨基糖的动态及指示作用. 土壤通报, 43(6): 1391-1396.

何明友, 方明渊, 胡文光, 等. 1994. 中国植物志(第五十七卷, 第二分册, 杜鹃花科). 北京: 科学出版社.

何全军, 曹静, 张月维, 等. 2008. 基于MODIS的广东省植被指数序列构建与应用. 气象, 34(3): 37-41.

何勇, 黄新会, 史晓莹, 等. 2013. 黑荆人工林植被稀少的成因——基于植物化感作用的研究. 中南林业科技大学学报, 33(10): 79-83.

何中声, 刘金福, 郑世群, 等. 2012. 林窗对格氏栲天然林更新层物种多样性和稳定性的影响. 植物科学学报, 30(2): 133-140.

何中声, 刘金福, 郑世群, 等. 2011. 格氏栲天然林林窗边界木特征研究. 福建林学院学报, 31(3): 207-211.

胡蓉, 林波, 刘庆. 2011. 林窗与凋落物对人工云杉林早期更新的影响. 林业科学, 47(6): 23-29.

黄川腾, 唐光大, 刘乐, 等. 2010. 广东天井山云锦杜鹃种群及其所处群落特征. 西南林学院学报, 30(6): 15-19.

黄红霞. 2006. 百里杜鹃国家森林公园杜鹃花属植物资源调查与旅游应用研究. 北京林业大学硕士学位论文.

贾坤, 李强子, 田亦陈, 等. 2011. 遥感影像分类方法研究进展. 光谱学与光谱分析, 31(10): 2618-2623.

孔垂华. 2007. 植物与有机体的化学作用——潜在的有害生物控制途径. 中国农业科学, 40 (4): 712-720.

雷日平, 陈辉, 刘建军. 2001. 凋落物和土壤浸提液对油松种子萌发与幼苗生长的影响. 中南林学院学报, 21 (1): 82-84.

李兵兵, 秦琰, 刘亚茜, 等. 2012. 燕山山地油松人工林林隙大小对更新的影响. 林业科学, 48(6): 147-151.

李博. 2000. 生态学. 北京: 高等教育出版社.

李朝婵, 乙引, 全文选, 等. 2015. 野生高山杜鹃群落林内自然挥发的化感成分. 林业科学, 51(12): 35-44.

李朝阳, 杜凡, 姚莹, 等. 2010. 轿子山自然保护区杜鹃群落植物多样性研究. 西南林学院学报, 30(3): 34-37, 49.

李峰, 王素芳, 张丽娟. 2016. 豫中平原煤矿区土壤重金属污染及其潜在生态风险评价. 河南科学, (11): 1910-1916.

李凤珍, 刘瑞君, 李琦. 1989. 森林凋落物分解过程中糖类组成变化的研究. 林业科学, 25 (4): 289-296.

李久林, 廖凤林. 1997. 百里杜鹃林马缨杜鹃种群结构和动态研究. 贵州科学, 15(1): 64-69.

李三中, 徐华勤, 陈建安, 等. 2017. 某矿区砷碱渣堆场周边土壤重金属污染评价及潜在生态风险分析. 农业环境科学学报, 36(6): 1141-1148.

李苇洁, 聂忠兴, 龙秀琴, 等. 2008. 百里杜鹃自然保护区雪凝灾情分析及重建思考. 林业科学, 44(11): 111-114.

李苇洁. 2006. 马缨杜鹃生态学特性与繁殖技术研究. 贵州大学硕士学位论文.

李雪枫, 朱朝华, 王坚. 2016. 影响丰花草种子萌发和幼苗生长的主要环境因子. 杂草学报, 34(1): 8-15.

李正才, 徐德应, 杨校生, 等. 2008. 北亚热带6种森林类型凋落物分解过程中有机碳动态变化. 林业科学研究, 21(5): 675-680.

李志安, 邹碧, 丁永祯, 等. 2005. 植物残茬对土壤酸度的影响及其作用机理. 生态学报, 25(9): 2382-2388.

梁晓兰, 潘开文, 王进闯. 2008. 花椒(*Zanthoxylum bungeanum*)凋落物分解过程中酚酸的释放及其浸提液对土壤化学性质的影响. 生态学报, 28(10): 4676-4684.

梁艳艳, 周年兴, 谢慧玮, 等. 2013. 庐山森林景观格局变化的长期动态模拟. 生态学报, 33(24): 7807-7818.

林海晏, 岳彩荣, 吴晓晖, 等. 2014. 基于EnMAP-Box的遥感图像分类研究. 西南林业大学学报, 34 (2): 67-71.

刘迪. 2017. 湿地变化遥感诊断. 中国科学院大学(中国科学院遥感与数字地球研究所)博士学位论文.

刘明国, 苏芳莉, 谭学仁, 等. 2010. 不同间伐强度下天然次生林凋落物分解进程研究. 土壤通报, 41 (4): 877-881.

刘庆, 吴彦. 2002. 滇西北亚高山针叶林林窗大小与更新的初步分析. 应用与环境生物学报, 8(5): 453-459.

刘庆. 2004. 林窗对长苞冷杉自然更新幼苗存活和生长的影响. 植物生态学报, 28(2): 204-209.

刘羽霞, 许嘉巍, 靳英华, 等. 2017. 基于地形因子的长白山高山苔原土理化性质空间差异. 生态学杂志, 36(3): 640-648.

刘振业. 1987. 贵州百里杜鹃林区科学考察集. 贵州省科学技术协会.

龙翠玲. 2008. 喀斯特森林林隙梯度物种多样性变化规律. 广西植物, 28(1): 57-61.

陆贵巧. 2006. 大连城市森林生态效益评价及动态仿真研究. 北京林业大学博士学位论文.

陆叶, 吴明洋, 王灵军, 等. 2016. 二月兰对百里杜鹃国家公园主景区观花效果的影响. 北方园艺, (2): 62-67.

马莉薇, 张文辉, 周建云, 等. 2013. 秦岭北坡林窗大小对栓皮栎实生幼苗生长发育的影响. 林业科学, 49(12): 43-50.

闵天禄, 方瑞征. 1979. 杜鹃属(*Rhododendron* L.)的地理分布及其起源问题的探讨. 云南植物研究, 1(2): 17-28.

欧建德, 吴志庄, 罗宁. 2016. 林窗大小对杉木林内南方红豆杉生长与形质的影响. 应用生态学报, 27(10): 3098-3104.

潘琛, 杜培军, 罗艳, 等. 2009. 一种基于植被指数的遥感影像决策树分类方法. 计算机应用, 29(3): 777-780.

司国臣. 2013. 秦巴山区野生杜鹃花属植物种质资源调查评价及保存研究. 西北农林科技大学硕士学位论文.

宋小双, 王凤友, 邓勋, 等. 2011. 基于GIS的东宁县高保护价值森林景观格局分析. 东北林业大学学报, 39(4): 48-51.

宋小艳, 张丹桔, 张健, 等. 2014. 马尾松人工林林窗对土壤团聚体及有机碳分布的影响. 应用生态学报, 25(11): 3083-3090.

孙庆花, 张超, 刘国彬, 等. 2016. 黄土丘陵区草本群落演替中先锋种群茵陈蒿浸提液的化感作用. 生态学报, 36 (8): 2233-2242.

田海静. 2017. 非气候因素引起的中国植被变化遥感诊断——以林业工程为例. 中国科学院大学(中国科学院遥感与数字地球研究所)博士学位论文.

田文, 顾延生, 邢新丽, 等. 2016. 浙江舟山青浜岛表土重金属含量及空间分布研究. 环境科学与技术, 39(6): 27-32.

僮祥英, 吉玉碧. 2011. 百里杜鹃矿区附近土壤重金属污染评价及建议. 贵州农业科学, 39(4): 114-116.

王臣立. 2006. 雷达与光学遥感结合在森林净初级生产力研究中应用. 中国科学院研究生院(遥感应用研究所)博士学位论文.

王贺新, 李根柱, 于冬梅, 等. 2008. 枯枝落叶层对森林天然更新的障碍. 生态学杂志, 27(1): 83-88.

王家华, 李建东. 2006. 林窗研究进展. 世界林业研究, 19(1): 27-30.

王静, 闫巧玲. 2017. 干扰对动物传播森林植物种子有效性影响的研究进展. 应用生态学报, 28(5): 1716-1726.

王俊, 王卓晗, 杨龙, 等. 2008. 浇水频率和凋落物覆盖量对鼹蒴锥种子萌发及幼苗存活的影响. 应用生态学报, 19(10): 2097-2102.

王茜, 张光辉, 田言亮, 等. 2016. 皖江经济区基本农田地球化学特征及成因. 地质学报, 90(8): 1988-1997.

王相娥, 薛立, 谢腾芳. 2009. 凋落物分解研究综述. 土壤通报, 40 (6): 1473-1478.

王亚男, 李睿玉, 朱晓换, 等. 2017. 土荆芥挥发油化感胁迫对土壤胞外酶活性和微生物多样性的影响. 生态学报, 37 (13): 4318-4326.

王艳芳, 沈永明. 2012. 盐城国家级自然保护区景观格局变化及其驱动力. 生态学报, 32(15): 4844-4851.

王友生, 余新晓, 贺康宁, 等. 2011. 基于CA-Markov模型的藕河流域土地利用变化动态模拟. 农业工程学报, 27(12): 330-336, 442.

王宇, 王宝玲, 王为东. 2014. 构筑根孔湿地中金属元素的来源、分布及其累积效应. 环境科学学报, 34(1): 168-185.

王卓敏, 薛立. 2016. 林窗效应研究综述. 世界林业研究, 29(6): 48-53.

邬建国. 2007. 景观生态学——格局、过程、尺度与等级. 北京: 高等教育出版社.

吴庆贵, 吴福忠, 谭波, 等. 2016. 高山森林林窗对凋落叶分解的影响. 生态学报, 36(12): 1-9.

吴小琪, 杨圣贺, 黄力, 等. 2019. 常绿阔叶林林冠环境对栲幼苗建成的影响. 植物生态学报, 43(1): 55-64.

吴雪琼, 覃先林, 周汝良, 等. 2010. 森林覆盖变化遥感监测方法研究进展. 林业资源管理, (4): 82-87.

谢元贵, 车家骧, 孙文博, 等. 2012. 煤矿矿区不同采煤塌陷年限土壤物理性质对比研究. 水土保持研究, 19(4): 26-29.

徐争启, 倪师军, 庹先国, 等. 2008. 潜在生态危害指数法评价中重金属毒性系数计算. 环境科学与技术, 31(2): 112-115.

徐志扬, 胡建全, 徐旭平. 2017. 基于GIS的华安县林地景观格局特征分析. 西部林业科学, 46(2): 88-91.

严重玲, 付舜珍, 方重华, 等. 1997. Hg、Cd及其共同作用对烟草叶绿素含量及抗氧化酶系统的影响. 植物生态学报, 21(5): 468-473.

杨成华, 李贵远, 邓伦秀, 等. 2006. 贵州百里杜鹃保护区的杜鹃属植物种类及其观赏特性研究. 西部林业科学, 35(4): 14-18, 39.

杨珍珍, 白淼源. 2010. 基于GIS的大兴安岭呼中森林景观格局分析. 东北林业大学学报, 38(9): 40-43.

叶功富, 洪志猛, 甘永洪, 等. 2005. 厦门城市绿地生态系统景观结构与异质性分析. 东北林业大学学报, 33(5): 71-74.

叶居新. 1994. 中国的猴头杜鹃矮林. 武汉植物学研究, 12(2): 170-174.

乙引, 陈训, 陈雪鹃, 等. 2016. 贵州省百里杜鹃国家森林公园综合科学考察集. 北京: 科学出版社.

余碧云, 张文辉, 何婷, 等. 2014. 秦岭南坡林窗大小对栓皮栎实生苗构型的影响. 应用生态学报, 25(12): 3399-3406.

袁新田, 张春丽, 孙倩, 等. 2011. 宿州市煤矿区农田土壤重金属含量特征. 环境化学, 30(8): 1451-1455.

岳彩荣, 崔同琦. 2011. 基于GIS的香格里拉县森林景观变化驱动力分析. 安徽农业科学, 39(6): 3755-3760.

臧润国, 刘静艳, 董大方. 1999. 林隙动态与森林生物多样性. 北京: 中国林业出版社.

臧润国, 王伯荪, 刘静艳. 2000. 南亚热带常绿阔叶林不同大小和发育阶段林隙的树种多样性研究. 应用生态学报, 11(4): 485-488.

翟明普, 贾黎明. 1993. 森林植物间的他感作用. 北京林业大学学报, 15(3): 138-147.

张慧芳. 2008. 北京地区森林植被生物量遥感反演及时空动态格局分析. 北京林业大学硕士学位论文.

张金屯, 孟东平. 2004. 芦芽山华北落叶松林不同龄级立木的点格局分析. 生态学报, 24(1): 35-40.

张开艳, 吴沿友, 王灵军, 等. 2015. 二月兰与杜鹃花共建百里杜鹃景区景观时空观赏性. 北方园艺, (10): 79-81.

张明锦, 陈良华, 张健, 等. 2016. 马尾松人工林林窗内土壤动物对凋落物微生物生物量的影响. 应用与环境生物学报, 22 (11): 35-42.

张南, 王华春, 万佳. 2014. 基于ArcGIS的喀斯特山区土地适应性评价——以鸭池镇为例. 河南科技, (10): 175-176.

张奇, 梁友谊, 胡文文, 等. 2015. 从化感水稻根际土壤中筛选抑草细菌的研究. 中国农学通报, 31 (15): 170-174.

张秋菊, 傅伯杰, 陈利顶. 2003. 关于景观格局演变研究的几个问题. 地理科学, 23(3): 264-270.

张万儒, 许本彤. 1986. 森林土壤定位研究方法. 北京: 中国林业出版社.

张玉红, 苏立英, 于万辉, 等. 2015. 扎龙湿地景观动态变化特征. 地理学报, 70(1): 131-142.

张长芹, 冯宝钧, 吕元林, 等. 1998. 大树杜鹃和蓝果杜鹃的濒危原因研究. 自然资源学报, 13(3): 276-278.

张志国, 马遵平, 刘何铭, 等. 2013. 天童常绿阔叶林林窗的地形分布格局. 应用生态学报, 24(3): 621-625.

张忠华, 胡刚, 祝介东, 等. 2011. 喀斯特森林土壤养分的空间异质性及其对树种分布的影响. 植物生态学报, 35(10): 1038-1049.

周艳, 陈训, 韦小丽, 等. 2015. 凋落物对迷人杜鹃幼苗更新和种子萌发的影响. 林业科学, 51 (3): 65-74.

朱教君, 刘足根, 王贺新. 2008. 辽东山区长白落叶松人工林天然更新障碍分析. 应用生态学报,

19(4): 695-703.

朱教君, 刘世荣. 2007. 森林干扰生态研究. 北京: 中国林业出版社.

Ahmed R, Hoque A T M R, Hossain M K. 2008. Allelopathic effects of leaf litters of *Eucalyptus camaldulensis* on some forest and agricultural crops. Journal of Forestry Research, 19 (1): 19-24.

Archer K J, Kimes R V. 2008. Empirical characterization of random forest variable importance measures. Computational Statistics and Data Analysis, 52(4): 2249-2260.

Arellano-Cataldo G, Smith-Ramírez C. 2016. Establishment of invasive plant species in canopy gaps on Robinson Crusoe Island. Plant Ecology, 217(3): 289-302.

Arihafa A, Mack A L. 2013. Treefall gap dynamics in a tropical rain forest in Papua New Guinea. Pacific Science, 67(1): 47-58.

Arunachalam A, Arunachalam K. 2000. Influence of gap size and soil properties on microbial biomass in a subtropical humid forest of northeast India. Plant and Soil, 223: 185-193.

Bais H P, Weir T L, Perry L G, et al. 2006. The role of root exudates in rhizosphere interactions with plants and other organisms. Annual Review of Plant Biology, 57: 233-266.

Baret S, Cournac L, Edwards P, et al. 2008. Effects of canopy gap size on recruitment and invasion of the non-indigenous *Rubus alceifolius* in lowland tropical rain forest on Réunion. International Journal of Mass Spectrometry, 301: 234-239.

Bates T E, Johnston R W. 1991. Soil Acidity and Liming. Ontario: Ontario Ministry of Agriculture and Food: pp. 4.

Bayandala B, Fukasawa Y, Seiwa K, et al. 2016. Roles of pathogens on replacement of tree seedlings in heterogeneous light environments in a temperate forest: a reciprocal seed sowing experiment. Journal of Ecology, 104(3): 765-772.

Beckage B, Kloeppel B D, Yeakley J A, et al. 2016. Differential effects of understory and overstory gaps on tree regeneration. Journal of the Torrey Botanical Society, 135(1): 1-11.

Behera S K, Shukla A K. 2015. Spatial distribution of surface soil acidity, electrical conductivity, soil organic carbon content and exchangeable potassium, calcium and magnesium in some cropped acid soils of India. Land Degradation and Development, 26(1): 71-79.

Bharali S, Paul A, Khan M L. 2014. Soil nutrient status and its impact on the growth of three *Rhododendron* species in a temperate forest of the eastern Himalayas, India. Taiwan Journal of Forest Science, 29(1): 33-51.

Blair B C, Letourneau D K, Bothwell S G, et al. 2010. Disturbance, resources, and exotic plant invasion: gap size effects in a redwood forest. Madroño, 57(1): 11-19.

Blum U. 2011. Plant-Plant Allelopathic Interactions: Phenolic Acids, Cover Crops and Weed Emergence. The Netherlands: Springer.

Bravo S P, Cueto V R, Amico G C. 2015. Do animal-plant interactions influence the spatial distribution of *Aristotelia chilensis* shrubs in temperate forests of southern South America? Plant Ecology, 216(3): 383-394.

Breiman L. 2001. Random forests. Machine Learning, 45(1): 5-32.

Chamard P, Courel M F, Ducousso M, et al. 1991. Utilisation des bandes spectrales du vert et du rouge pour une meilleure évaluation des formations végétales actives. Télédéctection etcartographie, éd. Aupelf-uref, p: 203-209.

Chamberlain D F, Hyam R, Argent G, et al. 1996. The Genus *Rhododendron*, Its Classification and Synonymy. Oxford: Royal Botanic Garden of Edinburgh.

Chang C C, Lin C J. 2011. LIBSVM: a library for support vector machines. ACM Transactions on Intelligent Systems and Technology (TIST), 2(3) : 27.

Chazdon R L, Pearcy R W. 1991. The importance of sunflecks for forest understory plants photosynthetic machinery appears adapted to brief, unpredictable periods of radiation. Bioscience, 41(11): 760-766.

Chen D, Huang J, Jackson T J. 2005. Vegetation water content estimation for corn and soybeans using spectral indices derived from MODIS near- and short-wave infrared bands. Remote Sensing of Environment, 98: 225-236.

Chen H L, Koprowski J L. 2016. Barrier effects of roads on an endangered forest obligate: influences of traffic, road edges, and gaps. Biological Conservation, 199: 33-40.

Chou S C, Huang C H, Hsu T W, et al. 2010. Allelopathic potential of *Rhododendron formosanum* Hemsl in Taiwan. Allelopathy Journal, 25 (1): 73-91.

Clossetkopp D, Chabrerie O, Valentin B, et al. 2007. When Oskar meets Alice: does a lack of trade-off in r/K-strategies make *Prunus serotina* a successful invader of European forests. Forest Ecology and Management, 247: 120-130.

Dai X B. 1996. Influence of light conditions in canopy gaps on forest regeneration: a new gap light index and its application in a boreal forest in east-central Sweden. Forest Ecology and Management, 84: 187-197.

Dalle G, Maass B L, Isselstein J. 2014. Relationships between vegetation composition and environmental variables in the Borana rangelands, southern Oromia, Ethiopia. Journal of Neurochemistry, 134(3): 416-428.

Day F P, Phillips D L, Monk C D. 1988. Forest communities and patterns. *In:* Swank W T, Crossley D A Jr. Forest Hydrology and Ecology at Coweeta. New York: Springer-Verlag: pp. 141-149.

Denslow J S. 1987. Tropical rainforest gaps and tree species diversity. Annual Review of Ecology and Systematic, 18: 431-451.

Dittrich S, Hauck M, Jacob M, et al. 2012. Response of ground vegetation and epiphyte diversity to natural age dynamics in a Central European mountain spruce forest. Journal of Vegetation Science, 24 (4): 675-687.

Drössler L, Ekö P M, Balster R. 2015. Short-term development of a multilayered forest stand after target diameter harvest in southern Sweden 1. Canadian Journal of Forest Research, 45(9): 1-8.

Duke S O. 2003. Ecophysiological aspects of allelopathy. Planta, 217 (4): 529-539.

Esen D. 2000. Ecology and control of rhododendron (*Rhododendron ponticum* L.) in Turkish eastern beech (*Fagus orientalis* Lipsky) forests. PhD thesis. Blacksburg: Virginia Polytechnic Institute and State University: pp. 112.

Fang M Y, Fang R C, He M Y, et al. 2005. Rhododendron. *In*: Wu Z Y, Raven P H, Hong D Y. Flora of China 14. Beijing: Science Press, St. Louis: Missouri Botanical Garden Press.

Fedorova A I, Kalaev V N, Prosvirina Y G, et al. 2007. Mutagenic activity of heavy metals in soils of wayside slopes. Eurasian Soil Science, 40(8): 893-899.

Fojtová M, Kovařík A. 2000. Genotoxic effect of cadmium is associated with apoptotic changes in tobacco cells. Plant Cell and Environment, 23(5): 531-537.

Foody G M, Boyd D S, Cutler M E J. 2003. Predictive relations of tropical forest biomass from Landsat TM data and their transferability between regions. Remote Sensing of Environment, 85(4): 463-474.

Forrester J A, Lorimer C G, Dyer J H, et al. 2014. Response of tree regeneration to experimental gap creation and deer herbivory in north temperate forests. Forest Ecology and Management, 329: 137-147.

Fu Y H, Quan W X, Li C C, et al. 2019. Allelopathic effects of phenolic acids on seedling growth and photosynthesis of *Rhododendron delavayi* Franch. Photosynthetica, 57 (2): 377-387.

Gao H, Bai J, Xiao R, et al. 2013. Levels, sources and risk assessment of trace elements in wetland soils of a typical shallow freshwater lake, China. Stochastic Environmental Research and Risk Assessment, 27(1): 275-284.

Gitelson A A, Kaufman Y J, Merzlyak M N. 1996. Use of a green channel in remote sensing of global vegetation from EOS-MODIS. Remote Sensing of Environment, 58(3): 289-298.

González G, Lodge D J, Richardson B A, et al. 2014. A canopy trimming experiment in Puerto Rico: The response of litter decomposition and nutrient release to canopy opening and debris deposition in a subtropical wet forest. Forest Ecology and Management, 332: 32-46.

González-Pérez J A, González-Vila F J, Arias M E, et al. 2011. Geochemical and ecological significance of soil lipids under *Rhododendron ponticum* stands. Environmental Chemistry Letters, 9 (4): 453-464.

Gray A N, Spies T A, Easter M J. 2002. Microclimatic and soil moisture responses to gap formation in coastal Douglas-fir forests. Canadian Journal of Forest Research, 32(2): 332-343.

Gray A N, Spies T A, Pabst R J. 2012. Canopy gaps affect long-term patterns of tree growth and mortality in mature and old-growth forests in the Pacific Northwest. Forest Ecology and Management, 281: 111-120.

Griffiths R P, Gray A N, Spies T A. 2010. Soil properties in old-growth douglas-fir forest gaps in the western cascade mountains of Oregon. Northwest Science, 84(1): 33-45.

Håkanson L. 1980. An ecological risk index for aquatic pollution control — a sedimentological approach. Water Research, 14(8): 975-1001.

Harris M R, Lamb D, Erskine P D. 2003. An investigation into the possible inhibitory effects of white cypress pine (*Callitris glaucophylla*) litter on the germination and growth of associated ground cover species. Australian Journal of Botany, 18 (51): 93-102.

He Z S, Liu J F, Su S J, et al. 2015. Effects of forest gaps on soil properties in *Castanopsis kawakamii* nature forest. PLoS One, 10(10): e0141203.

Hejcmanová-Nežerková P, Hejcman M. 2006. A canonical correspondence analysis (CCA) of the vegetation–environment relationships in Sudanese savannah, Senegal. South African Journal of Botany, 72(2): 256-262.

Hierro J L, Callaway R M. 2003. Allelopathy and exotic plant invasion. Plant Soil, 256: 29-39.

Holm A M, Cridland S W, Roderick M L. 2003. The use of time-integrated NOAA NDVI data and rainfall to assess landscape degradation in the arid shrubland of Western Australia. Remote Sensing of Environment, 85(2): 145-158.

Holm J A, Shugart H H, Bloem S J V, et al. 2012. Gap model development, validation, and application to succession of secondary subtropical dry forests of Puerto Rico. Ecological Modelling, 233: 70-82.

Holmstrup M, Sørensen J G, Overgaard J, et al. 2011. Body metal concentrations and glycogen reserves in earthworms (*Dendrobaena octaedra*) from contaminated and uncontaminated forest soil. Environmental Pollution, 159(1): 190-197.

Hu W J, Wang P C, Zhang Y, et al. 2016. Effect of gap disturbances on soil properties and understory plant diversity in a *Pinus massoniana* plantation in Hubei, central China. The Journal of Animal and Plant Sciences, 26(4): 988-1001.

Inderjit, Mallik A U. 1997. Effect of phenolic compounds on selected soil properties. Forest Ecology and Management, 92: 11-18.

Inderjit, Wardle D A, Karban R, et al. 2011. The ecosystem and evolutionary contexts of allelopathy. Trends in Ecology and Evolution, 26 (12): 655-662.

Isaacman A T, Wolfe R E. 2007. NASA's NPP Land Earth Science data records evaluation facility. IEEE International Geoscience and Remote Sensing Symposium, Barcelona: 4765-4768.

Jankovska I, Brūmelis G, Nikodemus O, et al. 2015. Tree species establishment in urban forest in relation to vegetation composition, tree canopy gap area and soil factors. Forests, 6(12): 4451-4461.

Jiao X, Teng Y, Zhan Y, et al. 2015. Soil heavy metal pollution and risk assessment in Shenyang industrial district, northeast China. PLoS One, 10(5): e0127736.

Jordan C F. 1969. Derivation of leaf area index from quality of light on the forest floor. Ecology, 50(4): 663-666.

Kato K, Yamamoto S I. 2016. Effects of canopy heterogeneity on the sapling bank dynamics of a subalpine old-growth forest, central Japan. Ecoscience, 8(1): 96-104.

Kato-Noguchi H, Kimura F, Ohno O, et al. 2017. Involvement of allelopathy in inhibition of understory growth in red pine forests. Journal of Plant Physiology, 218: 66-73.

Kauth R J, Thomas G S. 1976. The Tasseled Cap - a graphic description of the spectral-temporal development of agricultural crops as seen by Landsat. Proc. Symp. Machine Processing of Remotely Sensed Data, Purdue University, West Lafayette: pp. 41-51.

Kern C C, D'Amato A W, Strong T F. 2013. Diversifying the composition and structure of managed, late-successional forests with harvest gaps: What is the optimal gap size? Forest Ecology and Management, 304 (4): 110-120.

Kern C C, Montgomery R A, Reich P B, et al. 2014. Harvest-created canopy gaps increase species and functional trait diversity of the forest ground-layer Community. Forest Science, 60(2): 335-344.

Khakimulina T, Fraver S, Drobyshev I. 2016. Mixed-severity natural disturbance regime dominates in an old-growth Norway spruce forest of northwest Russia. Journal of Vegetation Science, 27(2): 400-413.

Khan S, Cao Q, Zheng Y M, et al. 2008. Health risks of heavy metals in contaminated soils and food crops irrigated with wastewater in Beijing, China. Environmental Pollution, 52(3): 686-692.

Kimura F, Sato M, Kato-Noguchi H. 2015. Allelopathy of pine litter: delivery of allelopathic substances into forest floor. Journal of Plant Biology, 58 (1): 61-67.

Kong C H. 2010. Ecological pest management and control by using allelopathic weeds (*Ageratum conyzoides*, *Ambrosia trifida*, and *Lantana camara*) and their allelochemicals in China. Weed Biology and Management, 10 (2): 73-80.

Lan C Y, Shu W S, Wong M H. 1998. Reclamation of Pb/Zn mine tailings at Shaoguan, Guangdong Province, People's Republic of China: The role of river sediment and domestic refuse. Bioresource Technology, 65(1): 117-124.

Leclerc T, Vimal R, Troispoux V, et al. 2015. Life after disturbance (I): changes in the spatial genetic structure of *Jacaranda copaia* (Aubl.) D. Don (Bignonianceae) after logging in an intensively studied plot in French Guiana. Annals of Forest Science, 72(5): 1-8.

Lee C M, Kwon T S, Cheon K. 2017. Response of ground beetles (Coleoptera: Carabidae) to forest gaps formed by a typhoon in a red pine forest at Gwangneung Forest, Republic of Korea. Journal of Forestry Research, 28(1): 173-181.

Lertzman K P. 1992. Patterns of gap-phase replacement in a subalpine, old-growth forest. Ecology, 73(2): 657-669.

Li Q, Cai J, Jiang Z M, et al. 2010. Allelopathic effects of walnut leaves leachate on seed germination, seedling growth of medicinal plants. Allelopathy Journal, 26 (2): 235-242.

Li Y P, Feng Y L, Chen Y J, et al. 2015. Soil microbes alleviate allelopathy of invasive plants. Science Bulletin, 60 (12): 1083-1091.

Lorenzo P, Palomera-Pérez A, Reigosa M J, et al. 2011. Allelopathic interference of invasive *Acacia dealbata* Link on the physiological parameters of native understory species. Plant Ecology, 212 (3): 403-412.

Loydi A, Lohse K, Otte A, et al. 2014. Distribution and effects of tree leaf litter on vegetation composition and biomass in a forest grassland ecotone. Journal of Plant Ecology, 7 (3): 264-275.

Mallik A U. 2007. Allelopathy in forested ecosystems. *In*: Zeng R S, Mallik A U, Luo S M. Allelopathy in Sustainable Agriculture and Forestry. New York: Springer: pp. 363-386.

Mandal G, Joshi S P. 2015. Eco-physiology and habitat invasibility of an invasive, tropical shrub (*Lantana camara*) in western Himalayan forests of India. Forest Science and Technology, 11(4): 182-196.

Martin H W, Kaplan D I. 1998. Temporal changes in cadmium, thallium, and vanadium mobility in soil and phytoavailability under field conditions. Water, Air, and Soil Pollution, 101: 399-410.

Mccarthy B C, Small C J, Rubino D L. 2001. Composition, structure and dynamics of dysart woods, an old-growth mixed mesophytic forest of southeastern Ohio. Forest Ecology and Management, 140: 193-213.

Meiners S J, Kong C H, Ladwig L M, et al. 2012. Developing an ecological context for allelopathy. Plant Ecology, 213 (8): 1221-1227.

Muscolo A, Bagnato S, Sidari M, et al. 2014. A review of the roles of forest canopy gaps. Journal of Forestry Research, 25(4): 725-736.

Muscolo A, Mallamaci C, Sidari M, et al. 2011. Effect of gap size and soil chemical properties on the natural regeneration in black pine (*Pinus nigra* Arn.) stands. Tree Forest Science Biotechnology, 5: 65-71.

Muscolo A, Sidari M, Mercurio R. 2007. Influence of gap size on organic matter decomposition, microbial biomass and nutrient cycle in Calabrian pine (*Pinus laricio*, Poiret) stands. Forest Ecology and Management, 242(2): 412-418.

Nakashizuka T. 2001. Species coexistence in temperate, mixed deciduous forests. Trends in Ecology and Evolution, 16(4): 205-210.

Nathan R, Muller-Landau H C. 2000. Spatial patterns of seed dispersal, their determinants and consequences for recruitment. Trends in Ecology and Evolution, 15(7): 278-285.

Ni X Y, Berg B, Yang W Q, et al. 2018. Formation of forest gaps accelerates C, N and P release from foliar litter during 4 years of decomposition in an alpine forest. Biogeochemistry, 139(3): 321-335.

Nilsen E T, Walker J F, Miller O K, et al. 1999. Inhibition of seedling survival under *Rhododendron maximum*: could allelopathy be a cause? American Journal of Botany, 86(11): 1597-1605.

Norghauer J M, Newbery D M. 2011. Seed fate and seedling dynamics after masting in two African rain forest trees. Ecological Monograph, 81(3): 443-469.

Norghauer J M, Röder G, Glauser G. 2016. Canopy gaps promote selective stem-cutting by small mammals of two dominant tree species in an African lowland forest: the importance of seedling chemistry. Journal of Tropical Ecology, 32 (1): 1-21.

Oliveira-Filho A T, Curi N, Vilela E A, et al. 1998. Effects of canopy gaps topography and soils on the distribution of woody species in a central Brazilian deciduous dry forest. Biotropica, 30(3): 362-375.

Olivier M D, Robert S, Fournier R A. 2017. A method to quantify canopy changes using multi-temporal terrestrial lidar data: Tree response to surrounding gaps. Agricultural and Forest Meteorology, 237-238: 184-195.

Özcan M, Gökbulak F. 2015. Effect of size and surrounding forest vegetation on chemical properties of soil in forest gaps. iForest-Biogeosciences and Forestry, 8(1): 67-72.

Pasanen H, Rouvinen S, Kouki J. 2016. Artificial canopy gaps in the restoration of boreal conservation areas: long-term effects on tree seedling establishment in pine-dominated forests. European Journal of Forest Research, 135(4): 697-706.

Perry K I, Herms D A. 2016. Short-term responses of ground beetles to forest changes caused by early stages of emerald ash borer (Coleoptera: Buprestidae)-induced ash mortality. Environmental Entomology, 45(3): 616-626.

Pickett S T A, White P S. 1985. The Ecology of Natural Disturbance and Patch Dynamics. Orlando: Academic Press.

Portales-Reyes C, van Doornik T, Schultheis E H, et al. 2015. A novel impact of a novel weapon:allelochemicals in *Alliaria petiolata* disrupt the legume-rhizobia mutualism. Biological Invasions, 17 (9): 2779-2791.

Prescott C E, Hope G D, Blevins L L. 2003. Effect of gap size on litter decomposition and soil nitrate concentrations in a high-elevation spruce-fir forest. Canadian Journal of Forest Research, 33(11): 2210-2220.

Quinn E M, Thomas S C. 2015. Age-related crown thinning in tropical forest trees. Biotropica, 47(3): 320-329.

Raymond A, Prévost M, Power H. 2016. Patch cutting in temperate mixedwood stands: what happens in the between-patch matrix? Forest Science, 62(2): 227-236.

Reigosa M J, Gonzalez L. 2006. Forest ecosystems and allelopathy. *In:* Reigosa M J, Pedrol N, González L. Allelopathy. the Netherlands: Springer: pp. 451-463.

Reiley E H. 1995. Success with Rhododendrons and Azaleas. Portland: Timber Press: pp. 285.

Reyes J, Thiers O, Gerding V, et al. 2014. Effect of scarification on soil change and establishment of and artificial forest regeneration under *Nothofagus* spp. in Southern Chile. Journal of Soil Science and Plant Nutrition, 14(1): 115-127.

Rice E L. 1979. Allelopathy-an update. Botanical Review, 45(1): 15-109.

Rice K J, Gordon D R, Hardison J L, et al. 1993. Phenotypic variation in seedlings of a "keystone" tree species (*Quercus douglasii*): the interactive effects of acorn source and competitive environment. Oecologia, 96 (4): 537-547.

Richardson A J, Wiegand C L. 1977. Distinguishing vegetation from soil background information. Photogrammetric Engineering and Remote Sensing, 43(12): 1541-1552.

Römer A H, Kneeshaw D D, Bergeron Y. 2007. Small gap dynamics in the southern boreal forest of eastern Canada: do canopy gaps influence stand development? Journal of Vegetation Science, 18(6): 815-826.

Runkle J R. 1981. Gap regeneration in some old-growth forests of the eastern United States. Ecology, 62(4): 1041-1051.

Runkle J R. 1982. Patterns of disturbance in some old-growth mesic forests of Eastern North America. Ecology, 63(5): 1533-1546.

Russo A, Escobedo F J, Timilsina N, et al. 2014. Assessing urban tree carbon storage and sequestration in Bolzano, Italy. International Journal of Biodiversity Science. Ecosystem Services and Management, 10(1): 54-70.

Santiago D, Motas-Guzmán M, Reja A, et al. 1998. Lead and cadmium in red deer and wild boar from Sierra Morena Mountains (Andalusia, Spain). Bulletin of Environmental Contamination and Toxicology, 61(6): 730-737.

Scharenbroch B C, Bockheim J G. 2007. Impacts of forest gaps on soil properties and processes in old growth northern hardwood-hemlock forests. Plant and Soil, 294: 219-233.

Scharenbroch B C, Bockheim J G. 2008. Gaps and soil C dynamics in old growth northern hardwood-hemlock forests. Ecosystems, 11(3): 426-441.

Schliemann S A, Bockheim J G. 2011. Methods for studying treefall gaps: A review. Forest Ecology and Management, 261(7): 1143-1151.

Schliemann S A, Bockheim J G. 2014. Influence of gap size on carbon and nitrogen biogeochemical cycling in northern hardwood forests of the Upper Peninsula, Michigan. Plant and Soil, 377: 323-335.

Schnitzer S A, Carson W P. 2010. Lianas suppress tree regeneration and diversity in treefall gaps. Ecology Letters, 13(7): 849-857.

Scotti I, Montaigne W, Klára Cseke, et al. 2017. Life after disturbance (II): the intermediate disturbance hypothesis explains genetic variation in forest gaps dominated by *Virola michelii* Heckel (Myristicaceae). Annals of Forest Science, 72(8): 1035-1042.

Sefidi K, Mohadjer M R M, Mosandl R, et al. 2011. Canopy gaps and regeneration in old-growth Oriental beech (*Fagus orientalis* Lipsky) stands, northern Iran. Forest Ecology and Management, 262(6): 1094-1099.

Sharma L N, Grytnes J A, Måren I E, et al. 2016. Do composition and richness of woody plants vary between gaps and closed canopy patches in subtropical forests? Journal of Vegetation Science, 27(6): 1129-1139.

Sisira E, Bmp S, Marks A. 2008. Variation in canopy structure, light and soil nutrition across elevation of a Sri Lankan tropical rain forest. Forest Ecology and Management, 256(6): 1339-1349.

Smith L M, Reynolds H L. 2014. Light, allelopathy, and post-mortem invasive impact on native forest understory species. Biological Invasions, 16 (5): 1131-1144.

Song H J, Pan Y Y, Wang W G, et al. 2009. Studies on the chemical constituents from *Rhododendron delavayi*. Journal of Chinese Medicinal Materials, 32(12): 1840-1843.

Souto X C, Bolano J C, Gonzalez L, et al. 2001. Allelopathic effects of tree species on some soil microbial populations and herbaceous plants. Biologia Plantarum, 44 (2): 269-275.

Spies T A, Franklin J F. 1989. Gap characteristics and vegetation response in coniferous forests of the Pacific Northwest. Ecology, 70(3): 543-545.

Stan A B, Daniels L D. 2014. Growth releases across a natural canopy gap-forest gradient in old-growth forests. Forest Ecology and Management, 313: 98-103.

Steinmann M, Stille P. 1997. Rare earth element behavior and Pb, Sr, Nd isotope systematics in a heavy metal contaminated soil. Applied Geochemistry, 12(5): 607-623.

Su J W, Zeng J P, Qin X W, et al. 2009. Effect of needle damage on the release rate of Masson pine (*Pinus massoniana* Lamb.) volatiles. Journal of Plant Research, 122 (2): 193-200.

Sun Y B, Zhou Q X, Xie X K, et al. 2010. Spatial, sources and risk assessment of heavy metal contamination of urban soils in typical regions of Shenyang, China. Journal of Hazardous Materials, 174: 455-462.

Tahtinen B, Murray B D, Webster C R, et al. 2014. Does ungulate foraging behavior in forest canopy gaps produce a spatial subsidy with cascading effects on vegetation? Forest Science, 60(5): 819-829.

Tang F H, Quan W X, Li C C, et al. 2019. Effects of small gaps on the relationship among soil properties, topography, and plant species in subtropical rhododendron secondary forest, southwest China. International Journal of Environmental Research and Public Health, 16: 1919.

Tedersoo L, Gates G, Dunk C W, et al. 2009. Establishment of ectomycorrhizal fungal community on isolated *Nothofagus cunninghamii* seedlings regenerating on dead wood in Australian wet temperate forests: does fruit-body type matter? Mycorrhiza, 19(6): 403-416.

Ter Braak C J F, Smilauer P. 2001. CANOCO Reference Manual and User'S Guide to Canoco for Windows: Software for Canonical Community Ordination (version 4.5). Centre for Biometry Wageningen (Wageningen, NL) and Microcomputer Power (Ithaca NY, USA): pp. 352.

Tsui C C, Chen Z S, Hsieh C F. 2004. Relationships between soil properties and slope position in a lowland rain forest of southern Taiwan. Geoderma, 123: 131-142.

Uddin M R, Li X, Won O J, et al. 2012. Herbicidal activity of phenolic compounds from hairy root cultures of *Fagopyrum tataricum*. Weed Research, 52 (1): 25-33.

USGS. 2016. https://earthexplorer.usgs.gov/.

Vallino M, Drogo V, Abba' S, et al. 2005. Gene expression of the ericoid mycorrhizal fungus *Oidiodendron maius* in the presence of high zinc concentrations. Mycorrhiza, 15(5): 333-344.

Vézeau C, Payette S. 2016. Gap expansion in old-growth subarctic forests: The climate-pathogen connection. New Phytologist, 212(4): 1044-1056.

Vilhar U, Roženbergar D, Simončič P, et al. 2014. Variation in irradiance, soil features and regeneration patterns in experimental forest canopy gaps. Annals of Forest Science, 72(2): 253-266.

Wang C M, Li T C, Jhan Y L, et al. 2013. The impact of microbial biotransformation of catechin in enhancing the allelopathic effects of *Rhododendron formosanum*. PLoS One, 8 (12): e85162.

Watanabe T, Fukuzawa K, Shibata H. 2013. Temporal changes in litterfall, litter decomposition and their chemical composition in Sasa dwarf bamboo in a natural forest ecosystem of northern Japan. Journal of Forest Research, 18 (2): 129-138.

Watt A S. 1947. Pattern and process in the plant community. Journal of Ecology, 35: 1-22.

Weber T A, Hart J L, Schweitzer C J, et al. 2014. Influence of gap-scale disturbance on developmental and successional pathways in *Quercus-Pinus* stands. Forest Ecology and Management, 331: 60-70.

Whitmore T C. 1989. Canopy gaps and the two major groups of forest trees. Ecology, 70(3): 536-538.

Wurzburger N, Hendrick R L. 2007. Rhododendron thickets alter N cycling and soil extracellular enzyme activities in southern Appalachian hardwood forests. Pedobiologia, 50(6): 563-576.

Xavier A C, Vettorazzi C A. 2004. Monitoring leaf area index at watershed level through NDVI from Landsat-7/ETM+ data. Scientia Agricola, 61(3): 243-252.

Xu J J, Wang Y H, Wang H S, et al. 2012. Chemical constituents from stems of *Rhododendron delavayi* Franch. Natural Product Research and Development, 24(6): 757-760.

Xu J X, Lie G W, Li X. 2016. Effects of gap size on diversity of soil fauna in a *Cunninghamia lanceolata* stand damaged by an ice storm in southern China. Journal of Forestry Research, 27(6): 1427-1434.

Yang L X, Wang P, Kong C H. 2010. Effect of larch (*Larix gmelini* Rupr.) root exudates on Manchurian walnut (*Juglans mandshurica* Maxim.) growth and soil juglone in a mixed-species plantation. Plant and Soil, 329: 249-258.

Yang Y, Geng Y, Zhou H, et al. 2017. Effects of gaps in the forest canopy on soil microbial communities and enzyme activity in a Chinese pine forest. Pedobiologia, 61: 51-60.

Yao A W, Chiang J M, McEwan R, et al. 2015. The effect of typhoon-related defoliation on the ecology of gap dynamics in a subtropical rain forest of Taiwan. Journal of Vegetation Science, 26(1): 145-154.

Young C C. 1984. Non-polar macroreticular resin to recover phenolic acids from a subtropical latosol. Soil Biology and Biochemistry, 16(4): 377-380.

Yu X D, Liu C L, Lü L, et al. 2016. Short-term responses of ground-dwelling beetles to ice storm-induced treefall gaps in a subtropical broad-leaved forest in southeastern China. Environmental Entomology, 45(1): 24-31.

Yue D X, Xu X F, Li Z Z, et al. 2006. Spatiotemporal analysis of ecological footprint and biological capacity of Gansu, China 1991-2015: Down from the environmental cliff. Ecological Economics, 58(2): 393-406.

Zagyvainé Kiss K A, Vastag V, Gribovszki Z, et al. 2015. Soil moisture in sessile oak forest gaps. EGU General Assembly Conference.

Zehetner F, Rosenfellner U, Mentler A, et al. 2009. Distribution of road salt residues, heavy metals and polycyclic aromatic hydrocarbons across a highway-forest interface. Water Air and Soil

Pollution, 198: 125-132.

Zeng R S, Mallik A U, Luo S M. 2008. Allelopathy in Sustainable Agriculture and Forestry. New York: Springer.

Zeng R S, Mallik A U. 2006. Selected ectomycorrhizal fungi of black spruce (*Picea mariana*) can detoxify phenolic compounds of *Kalmia angustifolia*. Journal of Chemical Ecology, 32 (7): 1473-1489.

Zeng R S. 2014. Allelopathy in Chinese ancient and modern agriculture. Journal of Chemical Ecology, 40: 515-516.

Zhang D J, Zhang J, Yang W Q, et al. 2010. Potential allelopathic effect of *Eucalyptus grandis* across a range of plantation ages. Ecological Research, 25 (1): 13-23.

Zhang J, Dai J L, Du X M, et al. 2012. Distribution and sources of petroleum-hydrocarbon in soil profiles of the Hunpu wastewater-irrigated area, China's northeast. Geoderma, 173(9): 215-223.

Zhang M M, Wang Z Y, Liu X L, et al. 2016. Seedling predation of *Quercus mongolica* by small rodents in response to forest gaps. New Forests, 48(1): 83-94.

Zhang Y J, Tang S M, Liu K S, et al. 2015. The allelopathic effect of *Potentilla acaulis* on the changes of plant community in grassland, northern China. Ecological Research, 30 (1): 41-47.

Zhang Z H, Hu B Q, Hu G. 2014. Spatial heterogeneity of soil chemical properties in a subtropical karst forest, southwest China. The Scientific World Journal, 2014: 1-9.

Zhao L, Xu Y F, Hou H, et al. 2014. Source identification and health risk assessment of metals in urban soils around the Tanggu chemical industrial district, Tianjin, China. Science of the Total Environment: 654-662.

Zhu J J, Lee F Q, Matsuzaki T, et al. 2003. Effect of gap size created by thinning on seedling emergency, survival and establishment in a coastal pine forest. Forest Ecology and Management, 182: 339-354.

Zu Y Q, Yuan L, Chen J J, et al. 2005. Hyperaccumulation of Pb, Zn and Cd in herbaceous grown on lead-zinc mining area in Yunnan, China. Environment International, 31(5): 755-762.

Zuo S P, Li X W, Ma Y Q, et al. 2014. Soil microbes are linked to the allelopathic potential of different wheat genotypes. Plant and Soil, 378: 49-58.